广东省农业科学院茶叶研究所
惠州市政协农业和农村委员会
惠州市农业农村综合服务中心
广东南昆山百岁毛茶研究院
组织编写

惠州南昆山毛叶茶古树志

吴华玲　李红建　秦丹丹　方开星　等　著

中国农业科学技术出版社

图书在版编目（CIP）数据

惠州南昆山毛叶茶古树志 / 吴华玲等著. --北京：中国农业科学技术出版社，2023. 4
ISBN 978-7-5116-6256-9

Ⅰ. ①惠…　Ⅱ. ①吴…　Ⅲ. ①茶树－植物志－龙门县　Ⅳ. ①S571.1

中国国家版本馆CIP数据核字（2023）第066142号

责任编辑　贺可香
责任校对　李向荣
责任印制　姜义伟　王思文

出 版 者　中国农业科学技术出版社
北京市中关村南大街12号　邮编：100081
电　　话　（010）82106638（编辑室）　（010）82109702（发行部）
（010）82109709（读者服务部）
网　　址　https: // castp.caas.cn
经 销 者　各地新华书店
印 刷 者　北京地大彩印有限公司
开　　本　185 mm × 260 mm　1/16
印　　张　8.5
字　　数　210千字
版　　次　2023年4月第1版　2023年4月第1次印刷
定　　价　120.00元

本书得到以下项目资助：

1. 广东省现代种业项目——特异功能性茶树新品种选育及其分子育种技术体系开发（2022B0202070001）

2. 农业农村部项目：国家现代农业产业技术体系建设专项（CARS-19）

3. 惠州市政协提案：惠州市特色茶（毛茶、岩茶）产业发展项目——惠州市南昆山毛茶种质资源保护及品质提升

4. 广东省农业农村厅种业振兴行动专项：广东省茶树种质资源库运行维护（2022-N131-1-00-016）

《惠州南昆山毛叶茶古树志》
著者名单

主　　著：吴华玲　李红建　秦丹丹　方开星

著　　者：潘晨东　李　波　江　永　操君喜
李雄兵　王　青　倪尔冬　刘凤沂
钟雅清　刘虹妙　张伟良　王秋霜
姜晓辉

序

茶树种质资源是茶树品种改良的基础，是决定茶叶品质和功能的关键。茶树的定义具有狭义与广义之分。狭义的茶树是指*Camellia sinensis*（L.）O. Kuntze这一种植物，而广义的茶树是指茶组植物（Sect. *Thea*），它不仅包含茶这一种植物，还包含了众多的野生型茶树资源。随着科研人员对野生型茶树资源调查、研究和开发利用的不断深入，广义的茶组植物概念逐渐被人接受。我国是茶树的起源中心，分布着世界上类型最为丰富、数量最多茶树种质资源，由于受山脉、河流、气候等自然条件的选择、人工引种栽培以及商品交换的影响，野生茶树逐渐向周边地区扩散，在中国地理版图上形成了规律性的分布。同时，不同地域的野生茶树种质资源也呈现出丰富多样的表型、基因型和生化成分差异特征。因此，茶树种质资源是茶树品种改良的基因库，是育成突破性茶树良种的珍贵材料。

毛叶茶（*Camellia ptilophylla*）是20世纪70年代由中山大学曾沛工程师在惠州采集标本，张宏达教授鉴定的茶组植物新种，因其不含或含极少量的咖啡碱而备受人们关注。从20世纪80年代到21世纪初，中山大学叶创兴教授在毛叶茶茶叶生化检测、嘌呤碱生物合成与代谢、毛叶茶栽培与品种选育、毛叶茶加工及其成品茶的风味和生物活性等方面进行广泛跟踪和研究。同时叶创兴教授同广东省农业科学院茶叶研究所李家贤研究员等合作共同开展毛叶茶新品种选育，培育出了可可茶1号和可可茶2号两个天然无咖啡碱的茶树新品种，并已在企业进行了转化。这些工作为毛叶茶的开发与利用奠定了一定基础。

近年来，本书主著者吴华玲研究员在前人工作基础上，带领团队对毛叶茶资源开展了系统深入的品质分子机理研究、新品种培育以及新产品开发工作。2022年，惠州市农业农村综合服务中心承办了惠州市政协关于特色茶产业发展的提案，受惠州市农业农村综合服务中心委托，吴华玲研究员带领广东省农业科学院茶叶研究所茶树资源与育种研究团队，针对龙门县南昆山境内的毛叶茶古茶树种质资源开展了系统普查、挂牌保护和鉴定工作，并对其生态环境、生长状况、生物学性状、生化成分及叶片解剖结构等进行了系统研究，同时采集单株枝条和种子分别进行嫁接、扦插和播种保存。通过对南昆山本土毛叶茶古树不同资源的植物学性状调查、叶细胞解剖和新梢理化检测结果进行整理，并将其汇编成《惠州南昆山毛叶茶古树志》一书。该书内容丰富，结构新颖，文字简洁，图文并茂，填补了国内外相关领域空白。这一著作的出版发行，必将对政府主管部门准确了解南昆山毛叶茶野生茶树资源的现状，正确引导毛叶茶宣传和保护性开发决策，提供有益的技术支撑；更有助于茶叶研究人员、生产者及管理者更科学、深刻认知毛叶茶的种性本质及开发利用方向；对从事遗传机理研究、新品种选育和资源创新利用的科技工作者也有较高的学术参考价值。期待未来能够从众多毛叶茶资源中选育出制茶品质优异、具有较好推广价值的无咖啡碱茶树良种，让毛叶茶这一珍贵种质发出金色光芒。

广东省农业科学院原副院长、茶学博士生导师、研究员 陳栋

2022年11月6日

前　言

南昆山毛叶茶又称“百岁茶”，是一种珍稀的茶树资源，散布于惠州市龙门县南昆山、广州市从化区、增城区和花都区等地，其中又以南昆山最为集中。据史料记载，南昆山毛叶茶历史悠久，清道光年间《龙门县志》物产篇就有记载“山茶”，民国年间《龙门县志》记载：“南昆亦产茶仅供自用未有出口。”目前，南昆山毛叶茶是龙门县十大特色农产品之一，被寄望成推动乡村振兴的特色产业。

20世纪80年代初，中山大学著名植物分类学家张宏达教授首次报道南昆山毛叶茶是国际上珍稀的天然无咖啡碱茶树，一度引起全球茶业人士和科研人员的广泛关注。研究表明，毛叶茶具有防治多种疾病和保健强身的功效，能够有效改善睡眠、抑制肿瘤、抗炎、抑制肝细胞癌和抗前列腺癌，对心血管疾病、糖尿病和冠心病也有很好的抑制作用。

然而，南昆山毛叶茶多以野生形式存在，人们对其类型、地理分布和生存现状等并不清楚，且随着近年来毛叶茶价格的攀升，附近村民及茶商哄抢茶青情况较为严重，致使南昆山上野生毛叶茶古树遭到严重破坏，其数量也在逐年减少，严重威胁毛叶茶的遗传多样性和可持续发展。

为了全面系统掌握南昆山毛叶茶资源现状，把资源优势转化为创新优势和产业优势，2022年，受惠州市农业农村综合服务中心委托，广东省农业科学院茶叶研究所组建了含9名专业研究人员和5名熟悉当地野外环境的向导的资源普查队，对南昆山境内毛叶茶古树资源进行系统普查和鉴评，以期为南昆山毛叶茶的保护和合理开发利用提供科学依据。

普查队制定了详细普查路线：以龙门县南昆山云尖茶叶农民专业合作社毛叶茶种植基地为起点，分别向北坑、二坑村、二坑坳、花竹村、水口村、下坪四周方向辐射，途经吊神山、长坝顶、石灰写字顶等海拔超过650 m的山峰；并确定普查对象为树龄100年以上毛叶茶古茶树，要求树干直径10 cm以上，树高不低于2 m。一方面在野外普查现场，利用全球定位系统GPS、坡度仪等采集古树的地理信息，依据《茶树种质资源描述规范（NY/T 2943—2016）》鉴定树高、树幅、树姿、叶、芽、花、果等生物学特征，并现场挂牌、拍照；另一方面采集古茶树单株的新梢嫩叶和成熟叶片，带回广东省茶树资源创新利用重点实验室（广州）分析其主要品质、生化成分和叶片解剖结构特征。

此次普查共挂牌了104株毛叶茶古茶树，本书详细介绍了每个古树单株的地理位置、形态特征、生化特性和叶片解剖结构特征，并配以植株、芽叶、花果、叶片解剖结构等实物照片，以供政府管理部门、茶树资源和育种研究者、教学工作者、茶叶生产人员及茶叶爱好者参考。

限于作者的水平和能力，书中难免有不妥之处，敬请各位同行专家和读者批评指正。

著　者

2022年11月

目 录

南昆山
毛叶茶古树基本特征概述

一、南昆山毛叶茶生长条件与地理分布特征

毛叶茶在南昆山境内23°36′43.38″～23°39′2.53″N、113°50′57.91″～113°55′5.49″E均有分布，但分布极不均匀，大部分古树呈聚集群落形式存在，群落与群落间相距较远，往往相隔数座山峰。毛叶茶古树生长的生态环境较好，土壤多为红壤，土层较厚、有机质含量高，土壤通透气、保水能力比较协调，地面可见大量蚓粪。但南昆山树木密郁，主要为樟科、壳斗科、山矾科和毛竹等高大林木，导致林内光照少、空气湿度大，部分毛叶茶古树长势偏弱。

毛叶茶古树生长海拔高度较高，其中51%海拔在700 m以上，600～700 m的占38%，仅有11%在449～500 m（位于水口村附近）（图1）。毛叶茶古树多位于陡峭山峰半山腰处，其中坡度30°以上的占60%，坡度20°～29°的占31%，坡度0°～19°的占9%（图2）。

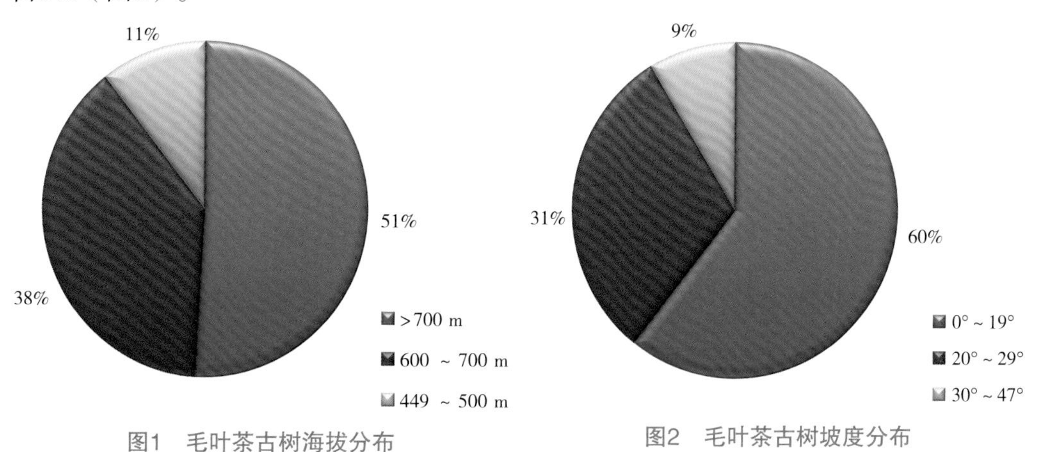

图1　毛叶茶古树海拔分布　　图2　毛叶茶古树坡度分布

二、南昆山毛叶茶生物学特征

（一）树姿树型

毛叶茶古树属乔木型或小乔木型，树姿多直立，主干明显。树干直径在10 cm

以上，其中直径大于25 cm的占4%，20～25 cm的占9%，15～19 cm的占21%，10～14 cm的占66%（图3）。树高2～8.9 m，其中高于8 m的占4%，5～8 m的占32%，2～4.9 m的占64%（图4）。

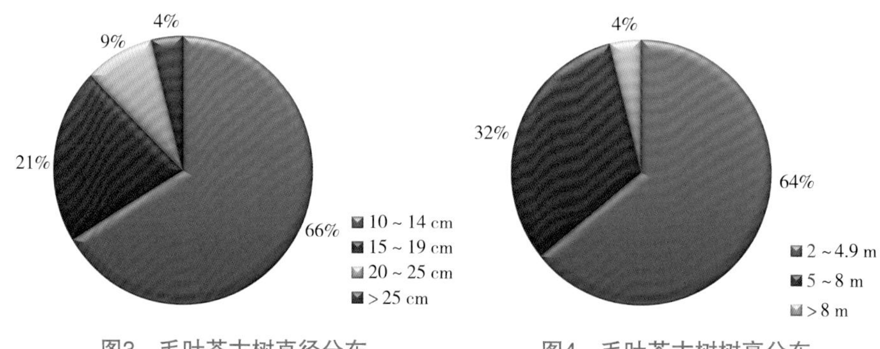

图3　毛叶茶古树直径分布　　图4　毛叶茶古树树高分布

但毛叶茶古树树姿与云南大叶、凤凰单丛等披张型乔木型茶树不同，其分支较为聚拢向上，导致树冠较小，普遍为0.6～5 m（图5），从而总观毛叶茶古树大部分呈现“高而瘦”的形态。

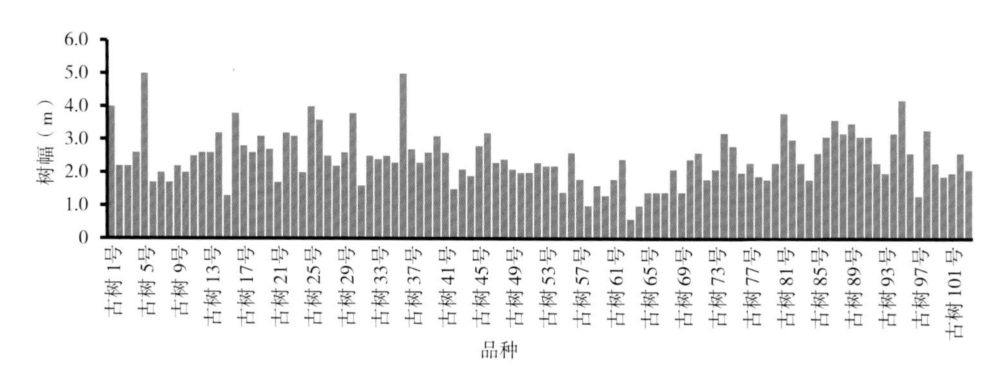

图5　毛叶茶古树树幅

（二）芽、叶特性

南昆山毛叶茶的嫩芽、成熟叶片叶背均覆盖茸毛。新梢嫩芽茸毛密而顺长，色泽洁白，芽头粗壮，幼叶颜色变异较为丰富，有黄绿色、淡绿色、绿色、紫绿色等。成熟叶片普遍呈深绿色，光泽度好，质地较硬，叶面革质化较重，多属大叶，少为中叶。

成熟叶片形态各异、类型丰富。叶长8.9～29.0 cm，均值为15.8 cm，变异系数为18.1%；叶宽在3.5～8.0 cm，均值为5.5 cm，变异系数为15.5%；叶面积在21.8～146.2 cm^2，均值为61.4 cm^2，变异系数为31.7%（表1）。叶脉6～12对，多为9～11对。叶型有椭圆形（18%）、长椭圆形（47%）和披针形（35%）等（图6）；叶身较平，少见隆起；叶齿有钝浅，也有锐深；叶缘大部分较平（73%），少数为微波形（18%）和波浪形（9%）(图7)。

表1　毛叶茶古树叶片性状基本统计分析

性状	最大值	最小值	平均值	标准差	变异系数（%）
叶长（cm）	29.0	8.9	15.8	2.9	18.1
叶宽（cm）	8.0	3.5	5.5	0.9	15.5
叶面积（cm^2）	146.2	21.8	61.4	19.5	31.7

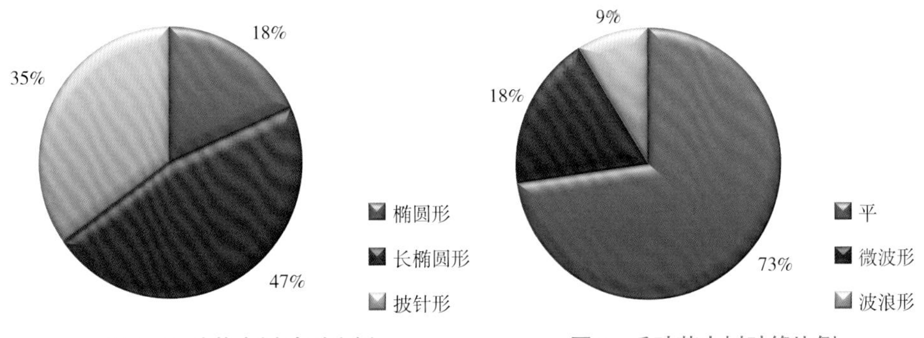

图6　毛叶茶古树叶型比例　　图7　毛叶茶古树叶缘比例

（三）开花结果特性

毛叶茶普遍开花结实力较差，大部分单株无花无果实，少量有花的单株挂果率也偏低，果实大小中等（直径2.0 ~ 3.0 cm），部分植株果实较大，多为三室。盛花期在11月中下旬，花柱多为3裂，子房茸毛多。

（四）叶片解剖结构特征

南昆山毛叶茶叶片较厚，厚度为112.5 ~ 251.3 μm，变异系数为15.2%。叶片横切面由上、下表皮、叶肉组织三个部分构成。上表皮细胞较大，细胞壁薄，厚度11.4 ~ 41.0 μm，多数大于20 μm，变异系数为23.3%；下表皮气孔稀而大，厚度6.5 ~ 28.5 μm，多数小于15 μm，变异系数为35.4%。叶肉包括栅栏组织和海绵组织，栅栏组织均只有1层，厚度21.8 ~ 76.4 μm，变异系数为28.6%；海绵组织细胞较为松散，厚度60.7 ~ 156.2 μm，变异系数为15.4%（表2）。叶肉组织内常见棒状、骨状和多角状的石细胞。

表2　毛叶茶古树叶片解剖结构基本统计分析

性状	最大值	最小值	平均值	标准差	变异系数（%）
叶片厚度（μm）	251.3	112.5	190.4	28.9	15.2
上表皮厚度（μm）	41.0	11.4	21.2	4.9	23.3
下表皮厚度（μm）	28.5	6.5	13.0	4.6	35.4
栅栏组织厚度（μm）	76.4	21.8	42.6	12.2	28.6
海绵组织厚度（μm）	156.2	60.7	113.6	17.4	15.4

（五）生化成分特征

毛叶茶古树内含物较为丰富，水浸出物含量33.3%～56.6%，可溶性糖变异较大，含量1.3%～6.0%，茶多酚含量较高，为18.2%～28.7%。绝对大部分古树可可碱含量较高（1.0%～6.9%），而咖啡碱含量较低，其中66%古茶树未检出咖啡碱，33%古茶树含量极低（<0.1%），仅有1棵古树咖啡碱含量较高（6.6%)（图8）。除此之外，毛叶茶的儿茶素组分和茶氨酸含量也异于常规茶，主要表现为非表型儿茶素GCG（4.3%～12.9%）和C（0.5%～4.3%）是主导儿茶素组分，而常规茶的主导儿茶素组分是EGCG；茶氨酸含量较低（0.1%～1.1%)，显著低于常规茶（表3）。

表3　毛叶茶古树主要生化成分基本统计分析

性状	最大值	最小值	平均值	标准差	变异系数（%）
水浸出物（%）	56.6	33.3	41.0	3.4	8.3
可溶性糖（%）	6.0	1.3	3.6	0.9	24.2
茶多酚（%）	28.7	18.2	21.5	2.4	11.4
可可碱（%）	6.9	1.0	4.9	1.0	21.4
咖啡碱（%）	6.6	0.0	0.1	0.6	643.8
GCG（%）	12.9	4.3	9.0	1.9	20.7
C（%）	4.3	0.5	2.4	0.5	22.6
EGCG（%）	2.2	0.5	1.0	0.4	36.1
茶氨酸（%）	1.1	0.1	0.4	0.2	52.2

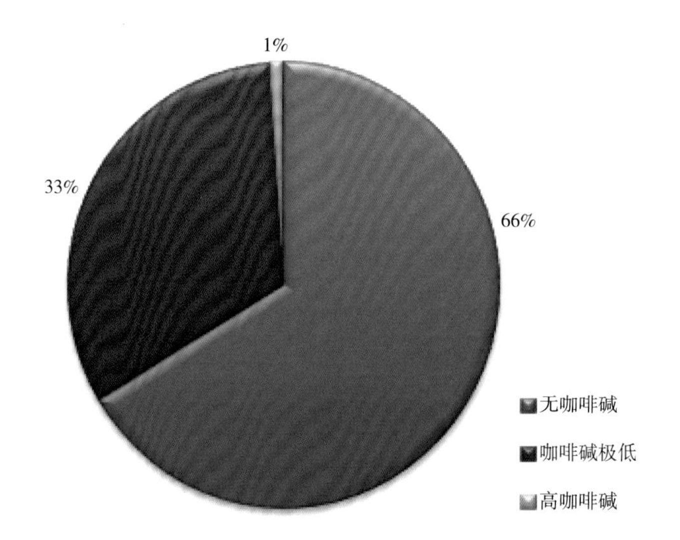

图8　毛叶茶古树咖啡碱含量比例

南昆山毛叶茶古树1号

Camellia sinensis var. *ptilophylla* Chang cv. *Nankunshan Maoyecha* No. 1

地理环境： 海拔698 m，坡度3.2°。

形态特征： 树高6.6 m，胸径13.4 cm，冠幅4.0 m，乔木型，树姿直立；叶片椭圆形，长8.9 cm，宽3.5 cm，深绿色，叶面平，叶身内折，质地中，叶齿锐密浅，叶基楔形，叶尖渐尖，叶脉7对，叶缘平。芽叶绿色，茸毛密；花瓣白色，花冠直径2.6 cm，子房茸毛多，雌雄蕊等高，花柱3裂，分裂位置高；果3裂，直径2.7 cm。

生化特性： 一芽二叶蒸青样含水浸出物36.6%，可溶性糖4.3%，茶多酚25.6%，可可碱5.5%，咖啡碱0.0%，茶氨酸0.4%，EGCG 1.4%，GCG 8.5%，ECG 1.4%，CG 0.1%，GC 1.1%，EGC 0.7%，C 2.2%，EC 0.5%。

注：EGCG、GCG、ECG、CG、GC、EGC、C、EC为儿茶素成分，下同。

叶肉组织特征：

栅栏组织厚（μm）	47.57	角质层厚（μm）	2.22
栅栏组织层数	1	下表皮厚（μm）	15.14
海绵组织厚（μm）	112.43	上表皮厚（μm）	23.78
栅栏系数	0.42	全叶厚（μm）	198.92

南昆山毛叶茶古树2号

Camellia sinensis **var.** ***ptilophylla*** **Chang cv.** ***Nankunshan Maoyecha*** **No. 2**

地理环境： 海拔685 m，坡度20.3°。

形态特征： 树高3.1 m，胸径12.4 cm，冠幅2.2 m，乔木型，树姿直立；叶片披针形，长15.5 cm，宽4.3 cm，绿色，叶面平，叶身内折，质地中，叶齿中密浅，叶基楔形，叶尖渐尖，叶脉9对，叶缘平。芽叶淡绿色，茸毛密；花瓣白色，花冠直径2.7 cm，子房茸毛多，雌雄蕊等高，花柱3裂，分裂位置高。

生化特性： 一芽二叶蒸青样含水浸出物41.6%，可溶性糖4.5%，茶多酚22.5%，可可碱4.4%，咖啡碱0.0%，茶氨酸0.5%，EGCG 0.9%，GCG 6.4%，ECG 1.5%，CG 0.1%，GC 1.0%，EGC 0.6%，C 2.7%，EC 0.4%。

叶肉组织特征：

栅栏组织厚（μm）	46.98	角质层厚（μm）	3.89
栅栏组织层数	1	下表皮厚（μm）	27.94
海绵组织厚（μm）	119.37	上表皮厚（μm）	26.67
栅栏系数	0.39	全叶厚（μm）	220.95

南昆山毛叶茶古树3号

Camellia sinensis var. *ptilophylla* Chang cv. *Nankunshan Maoyecha* No. 3

地理环境： 海拔695 m，坡度20.3°。

形态特征： 树高5.7 m，胸径16.6 cm，冠幅2.2 m，乔木型，树姿直立；叶片披针形，长13.5 cm，宽4.0 cm，黄绿色，叶面平，叶身内折，质地软，叶齿中密浅，叶基楔形，叶尖渐尖，叶脉11对，叶缘平。芽叶淡绿色，茸毛密；花瓣白色，花冠直径2.4 cm，子房茸毛多，雌雄蕊等高，花柱3裂，分裂位置高；果3裂，直径3.1 cm。

生化特性： 一芽二叶蒸青样含水浸出物36.7%，可溶性糖3.9%，茶多酚26.4%，可可碱4.8%，咖啡碱0.0%，茶氨酸0.4%，EGCG 1.2%，GCG 6.4%，ECG 1.1%，CG 0.1%，GC 2.5%，EGC 0.6%，C 2.3%，EC 0.4%。

叶肉组织特征：

栅栏组织厚（μm）	49.03	角质层厚（μm）	4.44
栅栏组织层数	1	下表皮厚（μm）	18.06
海绵组织厚（μm）	129.03	上表皮厚（μm）	28.39
栅栏系数	0.38	全叶厚（μm）	224.52

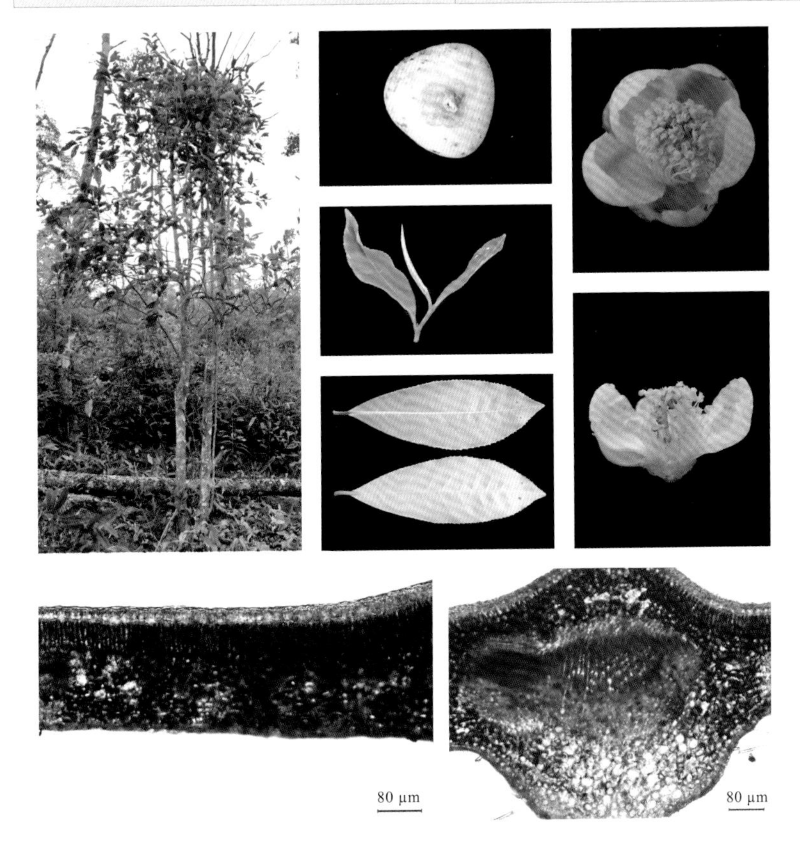

南昆山毛叶茶古树4号

***Camellia sinensis* var. *ptilophylla* Chang cv. *Nankunshan Maoyecha* No. 4**

地理环境： 海拔695 m，坡度20.3°。

形态特征： 树高4.3 m，胸径10.2 cm，冠幅2.6 m，乔木型，树姿直立；叶片长椭圆形，长14.8 cm，宽5.2 cm，深绿色，叶面平，叶身内折，质地软，叶齿中密浅，叶基楔形，叶尖渐尖，叶脉9对，叶缘微波。芽叶绿色，茸毛密；花瓣白色，花冠直径3.3 cm，子房茸毛多，雌雄蕊等高，花柱3裂，分裂位置高。果3裂，直径2.4 cm。

生化特性： 一芽二叶蒸青样含水浸出物43.0%，可溶性糖4.2%，茶多酚21.8%，可可碱 4.8%，咖啡碱0.0%，茶氨酸1.0%，EGCG 1.0%，GCG 11.9%，ECG 0.3%，CG 0.3%，GC 1.4%，EGC 0.2%，C 2.4%，EC 0.1%。

叶肉组织特征：

栅栏组织厚（μm）	30.15	角质层厚（μm）	2.22
栅栏组织层数	1	下表皮厚（μm）	12.06
海绵组织厚（μm）	118.59	上表皮厚（μm）	18.09
栅栏系数	0.25	全叶厚（μm）	178.89

南昆山毛叶茶古树5号

Camellia sinensis var. *ptilophylla* Chang cv. *Nankunshan Maoyecha* No. 5

地理环境： 海拔668 m，坡度32°。

形态特征： 树高7.6 m，胸径26.4 cm，冠幅5.0 m，乔木型，树姿直立；叶片披针形，长14.8 cm，宽4.5 cm，深绿色，叶面平，叶身内折，质地中，叶齿钝中浅，叶基楔形，叶尖渐尖，叶脉11对，叶缘平。芽叶淡绿色，茸毛密；花瓣白色，花冠直径3.3 cm，子房茸毛多，雌蕊高于雄蕊，花柱3裂，分裂位置中。

生化特性： 一芽二叶蒸青样含水浸出物39.3%，可溶性糖3.8%，茶多酚24.1%，可可碱4.9%，咖啡碱0.0%，茶氨酸0.5%，EGCG 1.5%，GCG 7.4%，ECG 1.5%，CG 0.1%，GC 1.0%，EGC 0.6%，C 2.6%，EC 0.4%。

叶肉组织特征：

栅栏组织厚（μm）	40.09	角质层厚（μm）	4.19
栅栏组织层数	1	下表皮厚（μm）	17.43
海绵组织厚（μm）	95.86	上表皮厚（μm）	12.20
栅栏系数	0.42	全叶厚（μm）	165.58

南昆山毛叶茶古树6号

Camellia sinensis var. *ptilophylla* Chang cv. *Nankunshan Maoyecha* No. 6

地理环境：海拔704 m，坡度21.1°。

形态特征：树高3.7 m，胸径12.1 cm，冠幅1.7 m，乔木型，树姿直立；叶片披针形，长16.5 cm，宽5.0 cm，深绿色，叶面平，叶身内折，质地中，叶齿锐中浅，叶基楔形，叶尖渐尖，叶脉7对，叶缘平。芽叶淡绿色，茸毛密；果3裂，直径3.1 cm。

生化特性：一芽二叶蒸青样含水浸出物38.6%，可溶性糖4.0%，茶多酚26.8%，可可碱5.4%，咖啡碱0.0%，茶氨酸0.5%，EGCG 1.3%，GCG 6.9%，ECG 1.9%，CG 0.1%，GC 2.4%，EGC 0.5%，C 2.0%，EC 0.3%。

叶肉组织特征：

栅栏组织厚（μm）	35.11	角质层厚（μm）	3.00
栅栏组织层数	1	下表皮厚（μm）	10.03
海绵组织厚（μm）	155.49	上表皮厚（μm）	20.26
栅栏系数	0.23	全叶厚（μm）	220.69

南昆山毛叶茶古树7号

Camellia sinensis var. *ptilophylla* Chang cv. *Nankunshan Maoyecha* No. 7

地理环境： 海拔704 m，坡度21.1°。

形态特征： 树高3.8 m，胸径11.1 cm，冠幅2.0 m，乔木型，树姿直立；叶片披针形，长16.8 cm，宽5.2 cm，绿色，叶面平，叶身内折，质地硬，叶齿钝中浅，叶基楔形，叶尖急尖，叶脉9对，叶缘平。芽叶绿色，茸毛密；花瓣白色，花冠直径3.2 cm，子房茸毛多，雌蕊高于雄蕊，花柱3裂，分裂位置高；果3裂，直径2.6 cm。

生化特性： 一芽二叶蒸青样含水浸出物33.3%，可溶性糖3.6%，茶多酚28.7%，可可碱4.7%，咖啡碱0.0%，茶氨酸0.4%，EGCG 1.3%，GCG 5.1%，ECG 1.2%，CG 0.1%，GC 1.1%，EGC 1.1%，C 1.9%，EC 0.4%。

叶肉组织特征：

栅栏组织厚（μm）	53.46	角质层厚（μm）	2.93
栅栏组织层数	1	下表皮厚（μm）	19.09
海绵组织厚（μm）	105.01	上表皮厚（μm）	22.91
栅栏系数	0.51	全叶厚（μm）	200.48

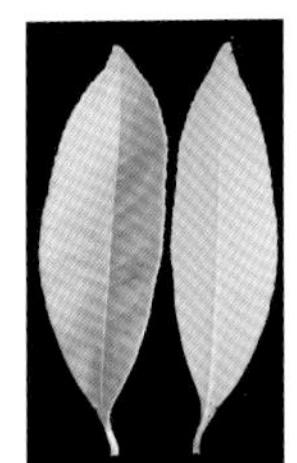

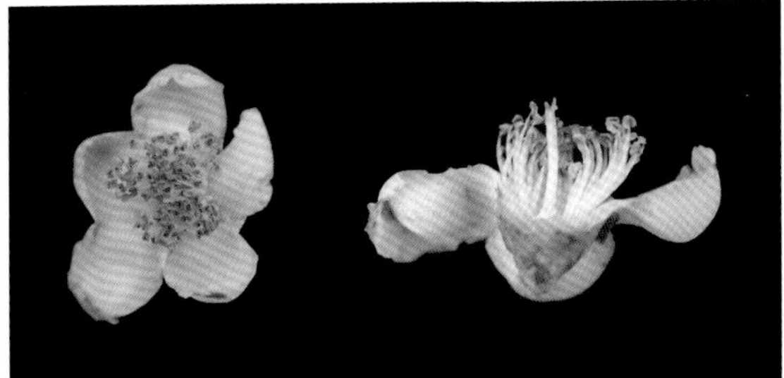

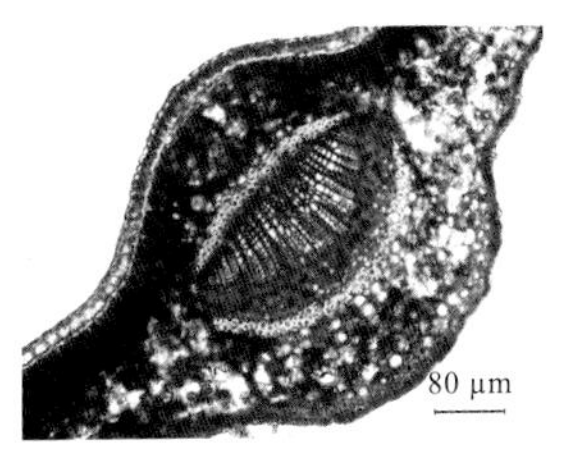

南昆山毛叶茶古树8号

Camellia sinensis var. *ptilophylla* Chang cv. *Nankunshan Maoyecha* No. 8

地理环境：海拔704 m，坡度21.1°。

形态特征：树高2.7 m，胸径12.1 cm，冠幅1.7 m，乔木型，树姿直立；叶片披针形，长19.5 cm，宽5.7 cm，绿色，叶面平，叶身内折，质地中，叶齿锐密浅，叶基楔形，叶尖渐尖，叶脉9对，叶缘波。芽叶紫绿色，茸毛密。

生化特性：一芽二叶蒸青样含水浸出物39.0%，可溶性糖3.8%，茶多酚25.5%，可可碱6.2%，咖啡碱0.0%，茶氨酸0.5%，EGCG 1.1%，GCG 7.8%，ECG 0.9%，CG 0.1%，GC 1.4%，EGC 1.0%，C 2.1%，EC 0.4%。

叶肉组织特征：

栅栏组织厚（μm）	58.18	角质层厚（μm）	2.67
栅栏组织层数	1	下表皮厚（μm）	18.18
海绵组织厚（μm）	136.36	上表皮厚（μm）	21.82
栅栏系数	0.43	全叶厚（μm）	234.55

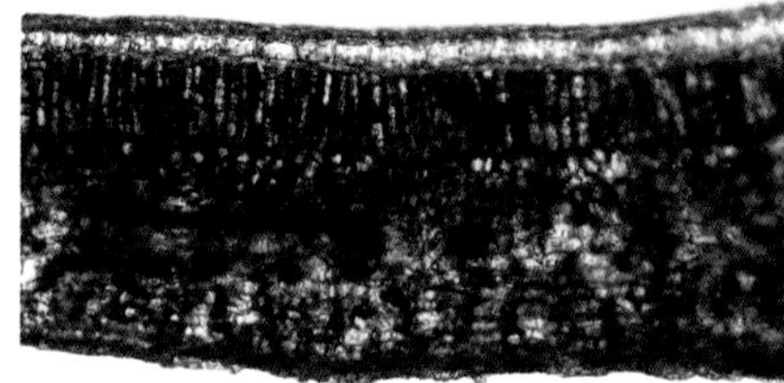

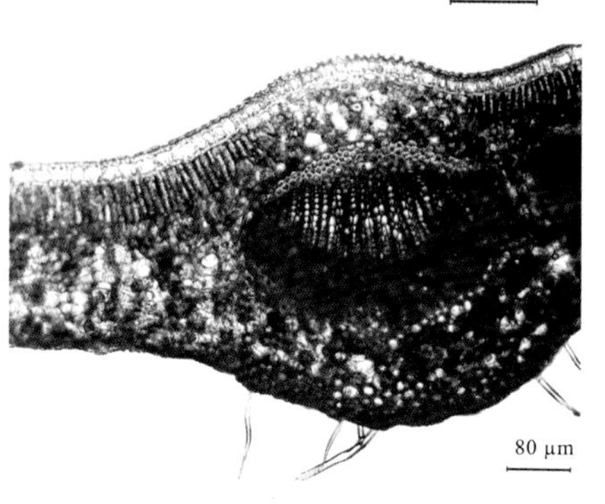

南昆山毛叶茶古树9号

Camellia sinensis var. *ptilophylla* Chang cv. *Nankunshan Maoyecha* No. 9

地理环境： 海拔701 m，坡度22.4°。

形态特征： 树高5.3 m，胸径12.1 cm，冠幅2.2 m，乔木型，树姿直立；叶片披针形，长20.0 cm，宽5.0 cm，绿色，叶面平，叶身内折，质地中，叶齿钝中浅，叶基楔形，叶尖渐尖，叶脉10对，叶缘平。芽叶淡绿色，茸毛密；果3裂，直径2.7 cm。

生化特性： 一芽二叶蒸青样含水浸出物40.0%，可溶性糖2.9%，茶多酚22.3%，可可碱4.1%，咖啡碱0.0%，茶氨酸0.3%，EGCG 0.8%，GCG 10.4%，ECG 0.2%，CG 0.3%，GC 1.1%，EGC 0.1%，C 2.7%，EC 0.1%。

叶肉组织特征：

栅栏组织厚（μm）	51.51	角质层厚（μm）	4.00
栅栏组织层数	1	下表皮厚（μm）	28.49
海绵组织厚（μm）	131.51	上表皮厚（μm）	25.21
栅栏系数	0.39	全叶厚（μm）	236.72

南昆山毛叶茶古树10号

Camellia sinensis var. *ptilophylla* Chang cv. *Nankunshan Maoyecha* No. 10

地理环境：海拔698 m，坡度22.4°。

形态特征：树高2.7 m，胸径10.0 cm，冠幅2.0 m，乔木型，树姿直立；叶片长椭圆形，长20.0 cm，宽7.0 cm，绿色，叶面平，叶身内折，质地中，叶齿钝中浅，叶基楔形，叶尖渐尖，叶脉7对，叶缘平。芽叶绿色，茸毛密；花瓣白色，花冠直径3.1 cm，子房茸毛多，雌雄蕊等高，花柱3裂，分裂位置高。

生化特性：一芽二叶蒸青样含水浸出物39.0%，可溶性糖4.2%，茶多酚24.1%，可可碱4.5%，咖啡碱0.0%，茶氨酸0.4%，EGCG 1.2%，GCG 6.1%，ECG 0.9%，CG 0.1%，GC 0.8%，EGC 0.6%，C 2.5%，EC 0.4%。

叶肉组织特征：

栅栏组织厚（μm）	46.49	角质层厚（μm）	5.33
栅栏组织层数	1	下表皮厚（μm）	12.97
海绵组织厚（μm）	112.43	上表皮厚（μm）	22.70
栅栏系数	0.41	全叶厚（μm）	194.59

南昆山毛叶茶古树11号

Camellia sinensis var. *ptilophylla* Chang cv. *Nankunshan Maoyecha* No. 11

地理环境： 海拔700 m，坡度23.8°。

形态特征： 树高3.8 m，胸径10.7 cm，冠幅2.5 m，乔木型，树姿直立；叶片披针形，长17.3 cm，宽5.2 cm，深绿色，叶面微隆，叶身内折，质地硬，叶齿锐中浅，叶基楔形，叶尖急尖，叶脉10对，叶缘平；芽叶淡绿色，茸毛密；果3裂，直径3.0 cm。

生化特性： 一芽二叶蒸青样含水浸出物33.6%，可溶性糖3.4%，茶多酚21.8%，可可碱4.0%，咖啡碱0.1%，茶氨酸0.1%，EGCG 0.8%，GCG 9.2%，ECG 0.3%，CG 0.2%，GC 1.1%，EGC 0.1%，C 2.5%，EC 0.1%。

叶肉组织特征：

栅栏组织厚（μm）	51.72	角质层厚（μm）	2.29
栅栏组织层数	1	下表皮厚（μm）	25.86
海绵组织厚（μm）	113.13	上表皮厚（μm）	29.09
栅栏系数	0.46	全叶厚（μm）	219.80

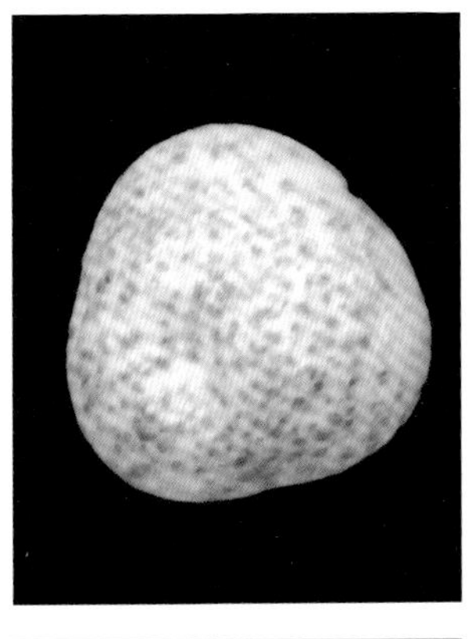

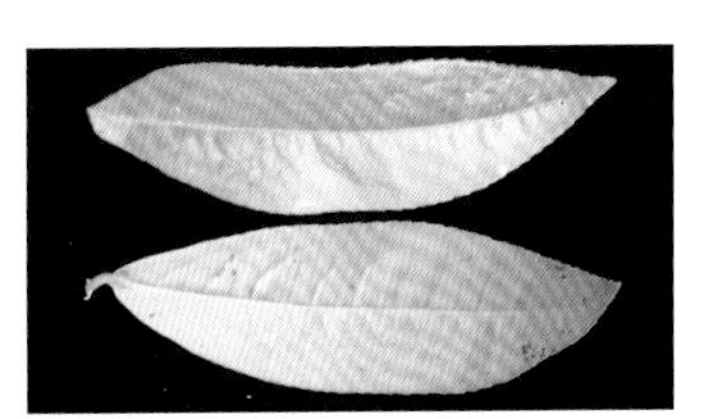

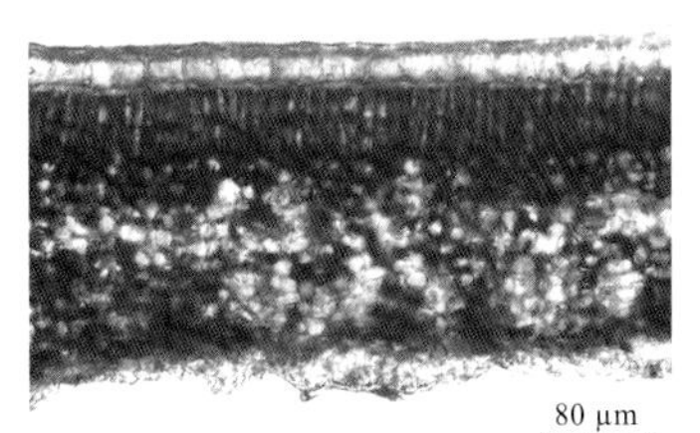

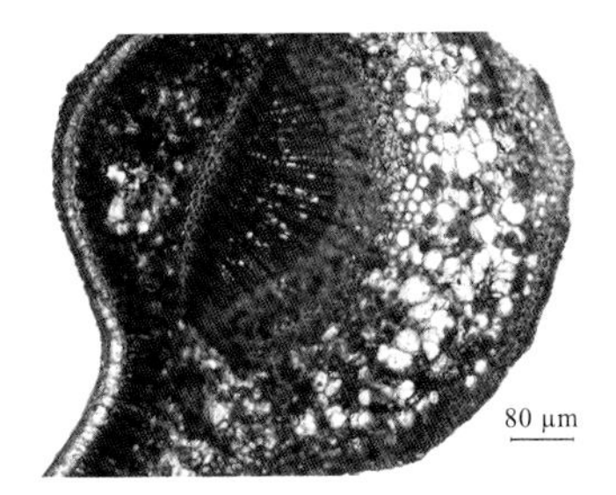

南昆山毛叶茶古树12号

Camellia sinensis var. *ptilophylla* Chang cv. *Nankunshan Maoyecha* No. 12

地理环境： 海拔704 m，坡度35.2°。

形态特征： 树高2.9 m，胸径12.4 cm，冠幅2.6 m，小乔木型，树姿半开张；叶片披针形，长15.7 cm，宽4.8 cm，深绿色，叶面平，叶身内折，质地硬，叶齿钝中浅，叶基楔形，叶尖渐尖，叶脉10对，叶缘平；芽叶绿色，茸毛密；花瓣白色，花冠直径2.9 cm，子房茸毛少，雌蕊低于雄蕊，花柱3裂，分裂位置高；果3裂，直径3.2 cm。

生化特性： 一芽二叶蒸青样含水浸出物42.3%，可溶性糖4.5%，茶多酚25.1%，可可碱5.4%，咖啡碱0.0%，茶氨酸0.6%，EGCG 1.6%，GCG 8.8%，ECG 0.2%，CG 0.1%，GC 1.4%，EGC 1.0%，C 2.5%，EC 0.6%。

叶肉组织特征：

栅栏组织厚（μm）	48.42	角质层厚（μm）	3.08
栅栏组织层数	1	下表皮厚（μm）	14.74
海绵组织厚（μm）	122.11	上表皮厚（μm）	25.26
栅栏系数	0.40	全叶厚（μm）	210.53

南昆山毛叶茶古树13号

***Camellia sinensis* var. *ptilophylla* Chang cv. *Nankunshan Maoyecha* No. 13**

地理环境：海拔704 m，坡度35.2°。

形态特征：树高2.9 m，胸径10.0 cm，冠幅2.6 m，小乔木型，树姿半开张；叶片披针形，长12.0 cm，宽4.0 cm，深绿色，叶面平，叶身内折，质地硬，叶齿锐中浅，叶基楔形，叶尖渐尖，叶脉8对，叶缘波；芽叶绿色，茸毛密；果3裂，直径2.9 cm。

生化特性：一芽二叶蒸青样含水浸出物41.0%，可溶性糖5.1%，茶多酚19.6%，可可碱3.0%，咖啡碱0.0%，茶氨酸0.1%，EGCG 0.7%，GCG 8.1%，ECG 0.4%，CG 0.2%，GC 0.7%，EGC 0.2%，C 2.5%，EC 0.1%。

叶肉组织特征：

栅栏组织厚（μm）	54.08	角质层厚（μm）	4.8
栅栏组织层数	1	下表皮厚（μm）	18.03
海绵组织厚（μm）	141.97	上表皮厚（μm）	36.06
栅栏系数	0.38	全叶厚（μm）	250.14

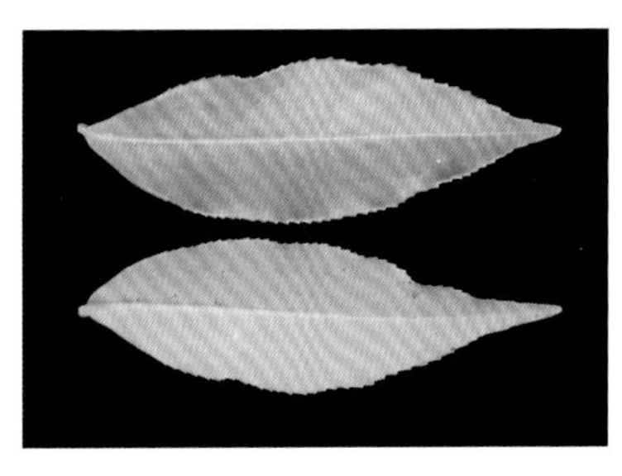

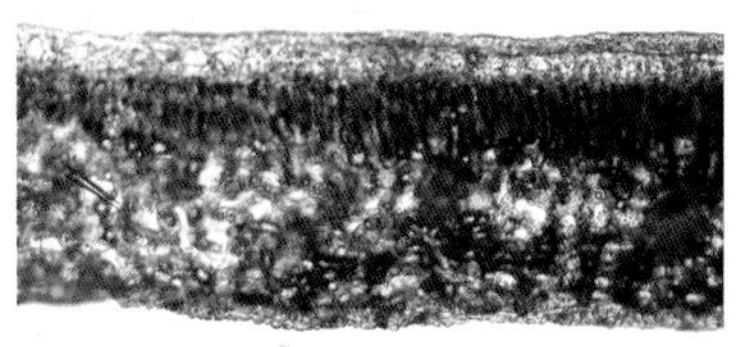

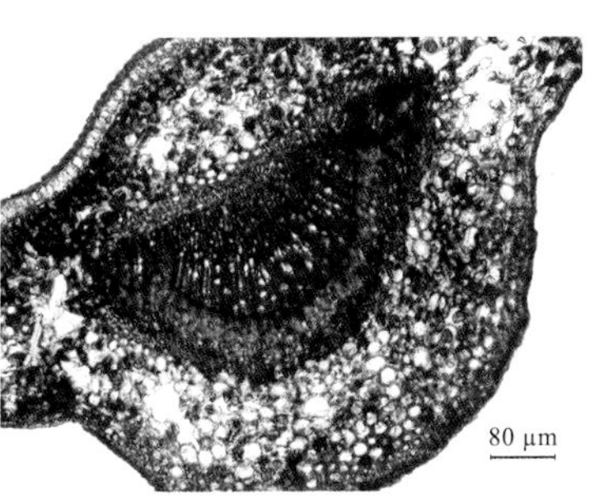

南昆山毛叶茶古树14号

Camellia sinensis var. *ptilophylla* Chang cv. *Nankunshan Maoyecha* No. 14

地理环境： 海拔704 m，坡度21.1°。

形态特征： 树高5.9 m，胸径10.0 cm，冠幅3.2 m，乔木型，树姿直立；叶片披针形，长15.2 cm，宽4.5 cm，绿色，叶面微隆，叶身背卷，质地硬，叶齿钝中浅，叶基楔形，叶尖渐尖，叶脉10对，叶缘平。芽叶绿色，茸毛密；花瓣白色，花冠直径3.6 cm，子房茸毛多，雌雄蕊等高，花柱3裂，分裂位置高；果3裂，直径3.1 cm。

生化特性： 一芽二叶蒸青样含水浸出物38.3%，可溶性糖4.2%，茶多酚19.4%，可可碱0.8%，咖啡碱0.0%，茶氨酸0.4%，EGCG 0.5%，GCG 6.9%，ECG 0.2%，CG 0.2%，GC 0.8%，EGC 0.1%，C 1.9%，EC 0.1%。

叶肉组织特征：

栅栏组织厚（μm）	44.26	角质层厚（μm）	2.71
栅栏组织层数	1	下表皮厚（μm）	15.32
海绵组织厚（μm）	105.53	上表皮厚（μm）	20.43
栅栏系数	0.42	全叶厚（μm）	185.53

南昆山毛叶茶古树15号

Camellia sinensis var. *ptilophylla* Chang cv. *Nankunshan Maoyecha* No. 15

地理环境：海拔704 m，坡度21.1°。

形态特征：树高3.5 m，胸径10.0 cm，冠幅1.3 m，乔木型，树姿直立；叶片长椭圆形，长15.4 cm，宽5.2 cm，绿色，叶面微隆，叶身内折，质地硬，叶齿钝中浅，叶基楔形，叶尖渐尖，叶脉9对，叶缘平。芽叶绿色，茸毛密；果3裂，直径3.2 cm。

生化特性：一芽二叶蒸青样含水浸出物37.6%，可溶性糖4.0%，茶多酚19.8%，可可碱2.9%，咖啡碱0.01%，茶氨酸0.6%，EGCG 0.8%，GCG 8.3%，ECG 0.2%，CG 0.1%，GC 0.7%，EGC 0.2%，C 1.8%，EC 0.1%。

叶肉组织特征：

栅栏组织厚（μm）	40.83	角质层厚（μm）	2.35
栅栏组织层数	1	下表皮厚（μm）	13.33
海绵组织厚（μm）	116.67	上表皮厚（μm）	20.83
栅栏系数	0.35	全叶厚（μm）	191.67

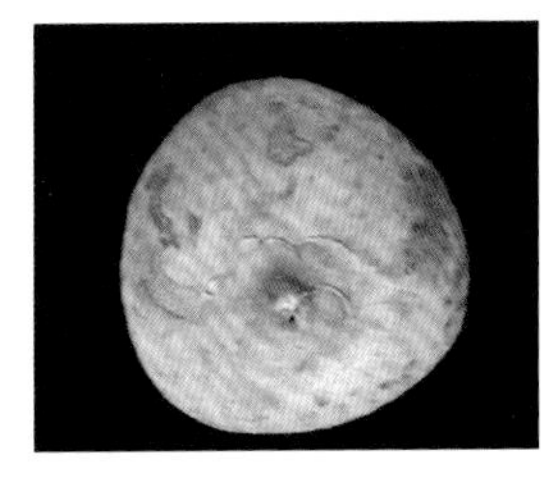

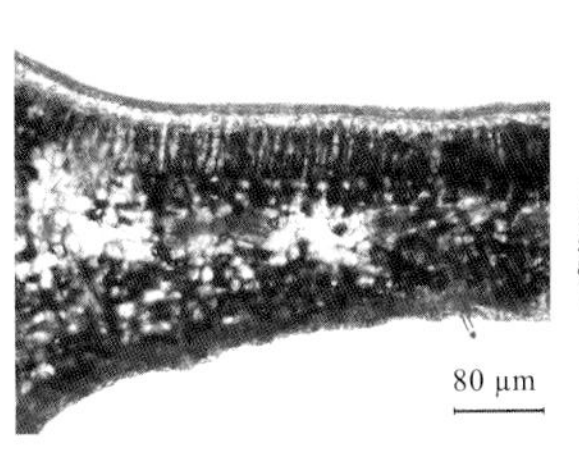

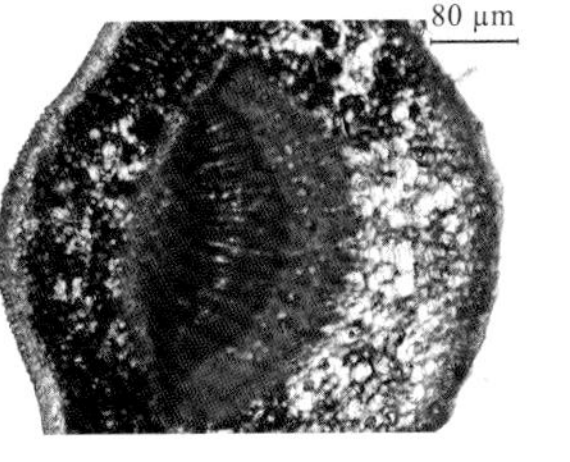

南昆山毛叶茶古树16号

Camellia sinensis var. *ptilophylla* Chang cv. *Nankunshan Maoyecha* No. 16

地理环境： 海拔624 m，坡度25.2°。

形态特征： 树高4.3 m，胸径10.1 cm，冠幅3.8 m，乔木型，树姿半开张；叶片披针形，长16.1 cm，宽5.0 cm，深绿色，叶面平，叶身稍背卷，质地中，叶齿钝中浅，叶基楔形，叶尖渐尖，叶脉9对，叶缘波；芽叶淡绿色，茸毛密。

生化特性： 一芽二叶蒸青样含水浸出物43.3%，可溶性糖1.7%，茶多酚20.6%，可可碱5.2%，咖啡碱0.0%，茶氨酸0.4%，EGCG 1.0%，GCG 11.0%，ECG 0.2%，CG 0.3%，GC 1.1%，EGC 0.1%，C 2.5%，EC 0.1%。

叶肉组织特征：

栅栏组织厚（μm）	32.73	角质层厚（μm）	2.32
栅栏组织层数	1	下表皮厚（μm）	14.55
海绵组织厚（μm）	107.27	上表皮厚（μm）	18.18
栅栏系数	0.31	全叶厚（μm）	172.73

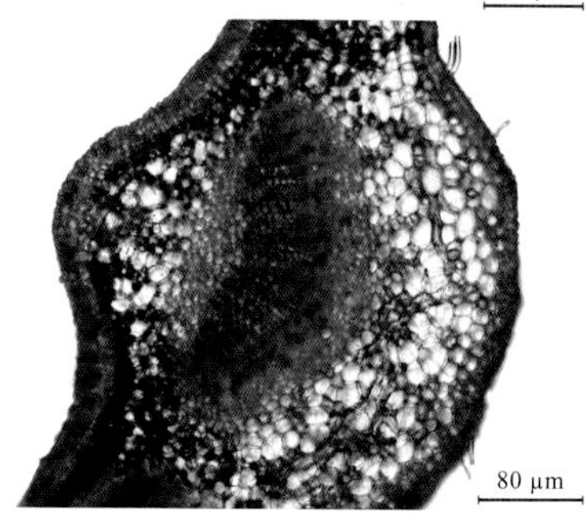

南昆山毛叶茶古树17号

Camellia sinensis var. *ptilophylla* Chang cv. *Nankunshan Maoyecha* No. 17

地理环境：海拔647 m，坡度24.8°。

形态特征：树高4.5 m，胸径10.1 cm，冠幅2.8 m，乔木型，树姿直立；叶片披针形，长20.0 cm，宽6.2 cm，深绿色，叶面微隆，叶身平，质地中，叶齿钝稀浅，叶基楔形，叶尖渐尖，叶脉11对，叶缘平；芽叶绿色，茸毛密。

生化特性：一芽二叶蒸青样含水浸出物40.3%，可溶性糖1.9%，茶多酚19.1%，可可碱5.1%，咖啡碱0.08%，茶氨酸0.5%，EGCG 0.7%，GCG 10.3%，ECG 0.3%，CG 0.3%，GC 1.3%，EGC 0.1%，C 1.2%，EC 0.1%。

叶肉组织特征：

栅栏组织厚（μm）	43.08	角质层厚（μm）	2.96
栅栏组织层数	1	下表皮厚（μm）	16.41
海绵组织厚（μm）	116.92	上表皮厚（μm）	24.62
栅栏系数	0.37	全叶厚（μm）	201.03

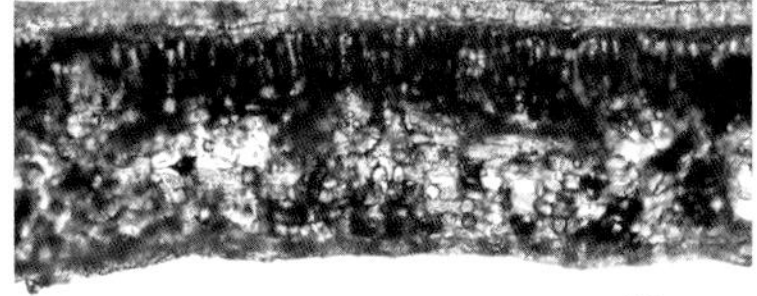

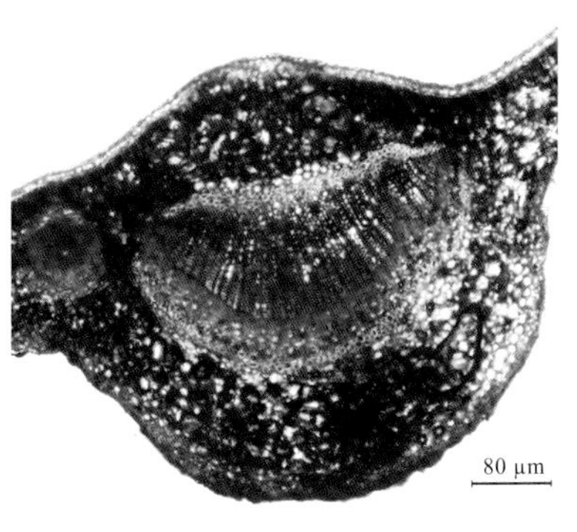

南昆山毛叶茶古树18号

Camellia sinensis **var.** ***ptilophylla*** **Chang cv.** ***Nankunshan Maoyecha*** **No. 18**

地理环境： 海拔653 m，坡度27.5°。

形态特征： 树高5.2 m，胸径23.6 cm，冠幅2.6 m，乔木型，树姿直立；叶片披针形，长16.7 cm，宽4.8 cm，绿色，叶面平，叶身平，质地中，叶齿钝稀浅，叶基楔形，叶尖渐尖，叶脉9对，叶缘平；芽叶紫绿色，茸毛密。

生化特性： 一芽二叶蒸青样含水浸出物39.7%，可溶性糖2.8%，茶多酚20.4%，可可碱6.2%，咖啡碱0.01%，茶氨酸0.5%，EGCG 0.8%，GCG 11.3%，ECG 0.2%，CG 0.2%，GC 1.7%，EGC 0.2%，C 2.3%，EC 0.1%。

叶肉组织特征：

栅栏组织厚（μm）	25.00	角质层厚（μm）	2.25
栅栏组织层数	1	下表皮厚（μm）	7.50
海绵组织厚（μm）	112.5	上表皮厚（μm）	15.00
栅栏系数	0.22	全叶厚（μm）	160.00

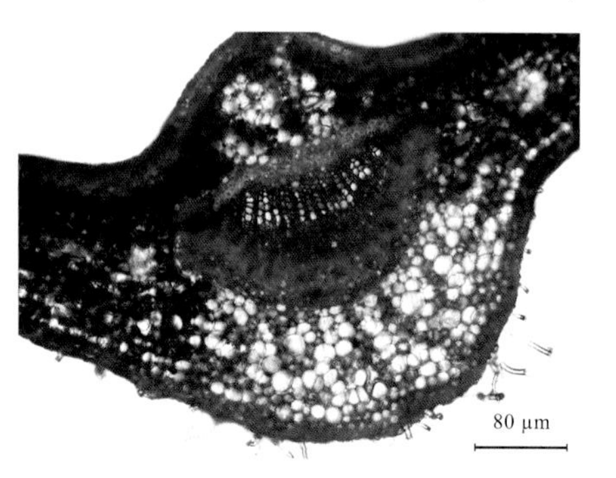

南昆山毛叶茶古树19号

Camellia sinensis var. *ptilophylla* Chang cv. *Nankunshan Maoyecha* No. 19

地理环境： 海拔645 m，坡度33.1°。

形态特征： 树高4.7 m，胸径12.7 cm，冠幅3.1 m，乔木型，树姿直立；叶片披针形，长17.5 cm，宽5.5 cm，绿色，叶面微隆，叶身平，质地硬，叶齿钝稀浅，叶基楔形，叶尖渐尖，叶脉8对，叶缘平。芽叶淡绿色，茸毛密。果3裂，直径2.8 cm。

生化特性： 一芽二叶蒸青样含水浸出物43.3%，可溶性糖2.3%，茶多酚19.5%，可可碱3.2%，咖啡碱0.07%，茶氨酸0.5%，EGCG 0.5%，GCG 9.3%，ECG 0.3%，CG 0.3%，GC 0.9%，EGC 0.1%，C 1.9%，EC 0.1%。

叶肉组织特征：

栅栏组织厚（μm）	25.00	角质层厚（μm）	2.75
栅栏组织层数	1	下表皮厚（μm）	8.75
海绵组织厚（μm）	87.50	上表皮厚（μm）	15.00
栅栏系数	0.29	全叶厚（μm）	136.25

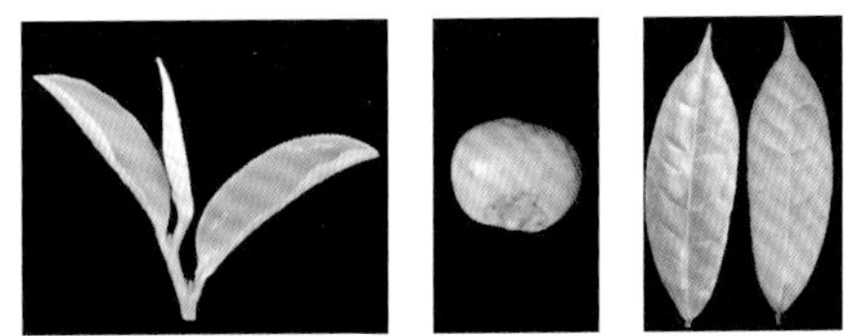

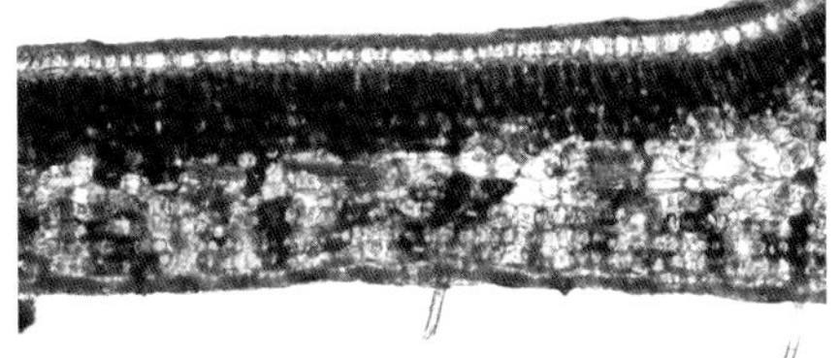

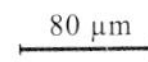

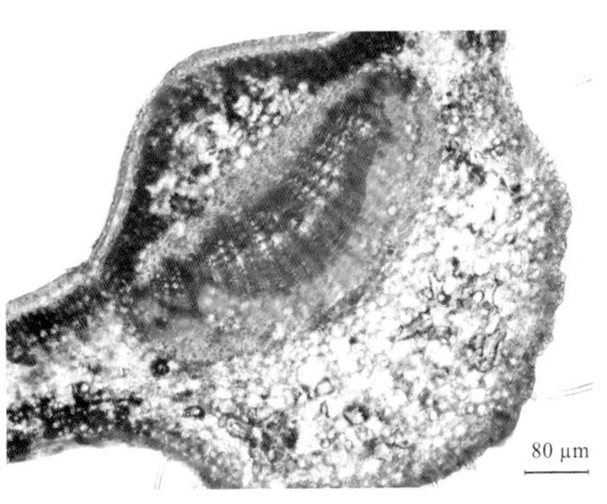

南昆山毛叶茶古树20号

Camellia sinensis var. *ptilophylla* Chang cv. *Nankunshan Maoyecha* No. 20

地理环境： 海拔645 m，坡度33.1°。

形态特征： 树高8.3 m，胸径16.7 cm，冠幅2.7 m，乔木型，树姿直立；叶片长椭圆形，长20.0 cm，宽7.2 cm，绿色，叶面微隆，叶身平，质地中，叶齿钝稀浅，叶基楔形，叶尖渐尖，叶脉9对，叶缘平。芽叶淡绿色，茸毛密。

生化特性： 一芽二叶蒸青样含水浸出物40.6%，可溶性糖4.3%，茶多酚22.8%，可可碱5.3%，咖啡碱0.0%，茶氨酸0.6%，EGCG 1.8%，GCG 8.5%，ECG 1.5%，CG 0.1%，GC 1.2%，EGC 1.2%，C 2.6%，EC 0.6%。

叶肉组织特征：

栅栏组织厚（μm）	28.24	角质层厚（μm）	2.35
栅栏组织层数	1	下表皮厚（μm）	7.06
海绵组织厚（μm）	75.29	上表皮厚（μm）	14.12
栅栏系数	0.38	全叶厚（μm）	124.71

南昆山毛叶茶古树21号

Camellia sinensis var. *ptilophylla* Chang cv. *Nankunshan Maoyecha* No. 21

地理环境：海拔659 m，坡度39.5°。

形态特征：树高2.3 m，胸径12.1 cm，冠幅1.7 m，乔木型，树姿直立；叶片长椭圆形，长16.0 cm，宽5.5 cm，绿色，叶面平，叶身背卷，质地中，叶齿钝稀浅，叶基楔形，叶尖渐尖，叶脉8对，叶缘波；芽叶淡绿色，茸毛密。

生化特性：一芽二叶蒸青样含水浸出物43.0%，可溶性糖3.3%，茶多酚20.7%，可可碱3.2%，咖啡碱0.0%，茶氨酸0.5%，EGCG 0.6%，GCG 9.9%，ECG 0.2%，CG 0.3%，GC 1.0%，EGC 0.1%，C 2.7%，EC 0.1%。

叶肉组织特征：

栅栏组织厚（μm）	27.59	角质层厚（μm）	4.14
栅栏组织层数	1	下表皮厚（μm）	13.24
海绵组织厚（μm）	60.69	上表皮厚（μm）	19.31
栅栏系数	0.45	全叶厚（μm）	120.83

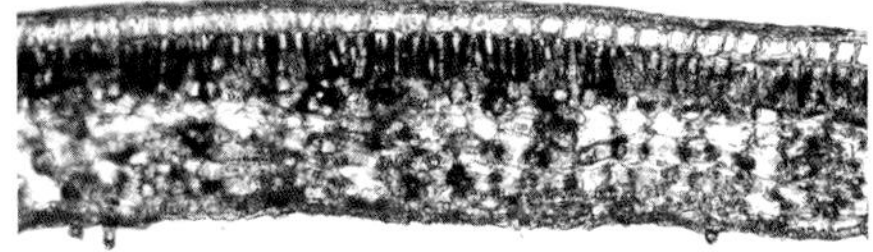

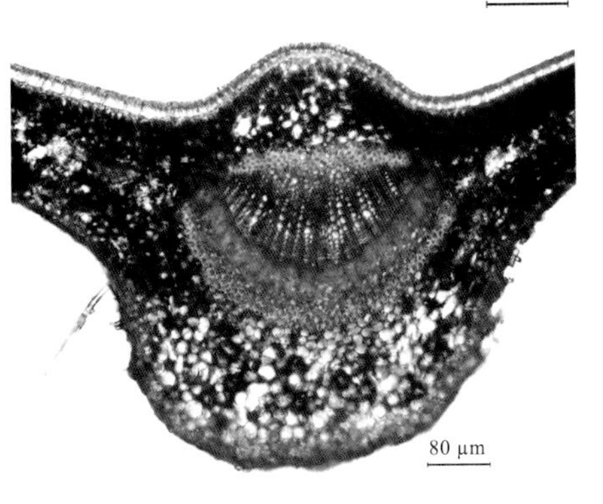

南昆山毛叶茶古树22号

***Camellia sinensis* var. *ptilophylla* Chang cv. *Nankunshan Maoyecha* No. 22**

地理环境： 海拔663 m，坡度17°。

形态特征： 树高5.8 m，胸径13.5 cm，冠幅3.2 m，乔木型，树姿直立；叶片长椭圆形，长16.8 cm，宽6.2 cm，绿色，叶面微隆，叶身平，质地硬，叶齿钝中浅，叶基楔形，叶尖渐尖，叶脉7对，叶缘平。芽叶淡绿色，茸毛密。

生化特性： 一芽二叶蒸青样含水浸出物40.2%，可溶性糖2.5%，茶多酚20.1%，可可碱5.5%，咖啡碱0.0%，茶氨酸0.6%，EGCG 0.7%，GCG 12.6%，ECG 0.3%，CG 0.3%，GC 1.0%，EGC 0.1%，C 2.7%，EC 0.1%。

叶肉组织特征：

栅栏组织厚（μm）	36.13	角质层厚（μm）	3.10
栅栏组织层数	1	下表皮厚（μm）	15.48
海绵组织厚（μm）	103.23	上表皮厚（μm）	18.07
栅栏系数	0.35	全叶厚（μm）	172.90

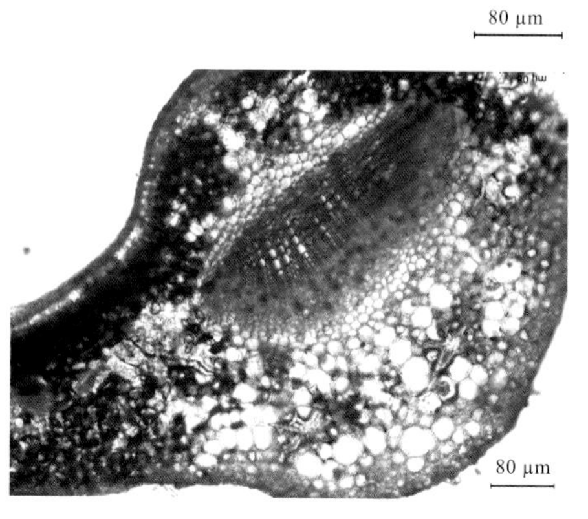

南昆山毛叶茶古树23号

Camellia sinensis var. *ptilophylla* Chang cv. *Nankunshan Maoyecha* No. 23

地理环境： 海拔663 m，坡度26.7°。

形态特征： 树高6.2 m，胸径17.5 cm，冠幅3.1 m，乔木型，树姿直立；叶片长椭圆形，长17.0 cm，宽6.0 cm，绿色，叶面平，叶身背卷，质地中，叶齿钝中浅，叶基楔形，叶尖渐尖，叶脉9对，叶缘平。芽叶黄绿色，茸毛密。

生化特性： 一芽二叶蒸青样含水浸出物43.0%，可溶性糖4.1%，茶多酚19.7%，可可碱3.6%，咖啡碱0.03%，茶氨酸0.6%，EGCG 0.5%，GCG 9.4%，ECG 0.2%，CG 0.2%，GC 1.1%，EGC 0.1%，C 2.1%，EC 0.1%。

叶肉组织特征：

栅栏组织厚（μm）	37.33	角质层厚（μm）	2.93
栅栏组织层数	1	下表皮厚（μm）	8.00
海绵组织厚（μm）	106.67	上表皮厚（μm）	16.00
栅栏系数	0.35	全叶厚（μm）	168.00

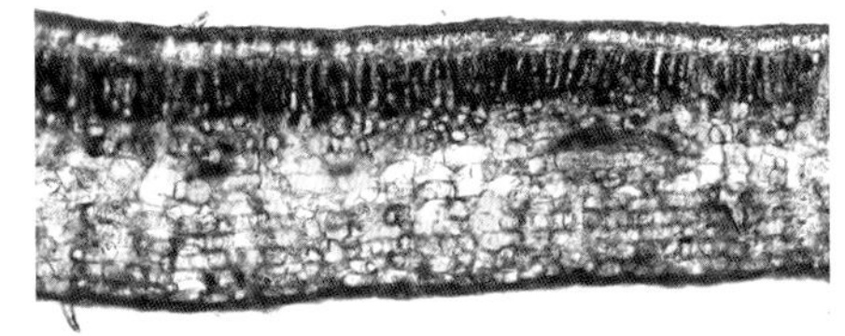

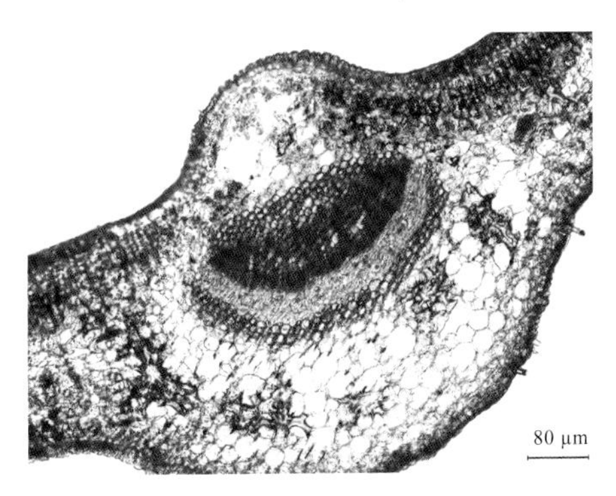

南昆山毛叶茶古树24号

***Camellia sinensis* var. *ptilophylla* Chang cv. *Nankunshan Maoyecha* No. 24**

地理环境：海拔663 m，坡度26.7°。

形态特征：树高4.2 m，胸径15.6 cm，冠幅2.0 m，乔木型，树姿直立；叶片披针形，长17.7 cm，宽5.5 cm，绿色，叶面平，叶身平，质地中，叶齿钝中浅，叶基楔形，叶尖渐尖，叶脉10对，叶缘平。芽叶紫绿色，茸毛密。

生化特性：一芽二叶蒸青样含水浸出物37.3%，可溶性糖2.4%，茶多酚20.4%，可可碱6.3%，咖啡碱0.0%，茶氨酸0.1%，EGCG 0.9%，GCG 9.6%，ECG 0.3%，CG 0.3%，GC 1.4%，EGC 0.2%，C 2.8%，EC 0.1%。

叶肉组织特征：

栅栏组织厚（μm）	32.59	角质层厚（μm）	2.67
栅栏组织层数	1	下表皮厚（μm）	10.37
海绵组织厚（μm）	100.74	上表皮厚（μm）	17.78
栅栏系数	0.32	全叶厚（μm）	161.48

南昆山毛叶茶古树25号

Camellia sinensis var. *ptilophylla* Chang cv. *Nankunshan Maoyecha* No. 25

地理环境： 海拔663 m，坡度26.7°。

形态特征： 树高4.2 m，胸径10.3 cm，冠幅4.0 m，乔木型，树姿直立；叶片披针形，长17.7 cm，宽5.5 cm，深绿色，叶面微隆，叶身平，质地中，叶齿钝中浅，叶基楔形，叶尖渐尖，叶脉8对，叶缘平。芽叶淡绿色，茸毛密。

生化特性： 一芽二叶蒸青样含水浸出物35.3%，可溶性糖3.8%，茶多酚23.9%，可可碱5.5%，咖啡碱0.0%，茶氨酸0.6%，EGCG 1.2%，GCG 8.9%，ECG 1.5%，CG 0.1%，GC 1.3%，EGC 1.4%，C 2.3%，EC 0.5%。

叶肉组织特征：

栅栏组织厚（μm）	33.94	角质层厚（μm）	4.36
栅栏组织层数	1	下表皮厚（μm）	12.12
海绵组织厚（μm）	96.97	上表皮厚（μm）	19.39
栅栏系数	0.35	全叶厚（μm）	162.42

南昆山毛叶茶古树26号

Camellia sinensis var. *ptilophylla* Chang cv. *Nankunshan Maoyecha* No. 26

地理环境： 海拔663 m，坡度26.7°。

形态特征： 树高3.2 m，胸径17.0 cm，冠幅3.6 m，乔木型，树姿直立；叶片长椭圆形，长18.4 cm，宽6.6 cm，绿色，叶面微隆，叶身平，质地中，叶齿钝中浅，叶基近圆形，叶尖渐尖，叶脉9对，叶缘平。芽叶黄绿色，茸毛密。

生化特性： 一芽二叶蒸青样含水浸出物39.3%，可溶性糖4.4%，茶多酚27.5%，可可碱3.8%，咖啡碱0.0%，茶氨酸0.4%，EGCG 1.1%，GCG 5.4%，ECG 1.5%，CG 0.1%，GC 2.3%，EGC 1.2%，C 3.5%，EC 0.5%。

叶肉组织特征：

栅栏组织厚（μm）	21.82	角质层厚（μm）	4.36
栅栏组织层数	1	下表皮厚（μm）	10.91
海绵组织厚（μm）	126.06	上表皮厚（μm）	20.61
栅栏系数	0.17	全叶厚（μm）	179.39

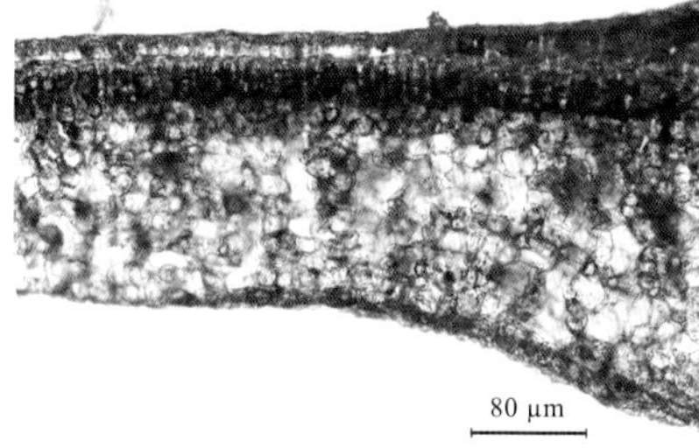

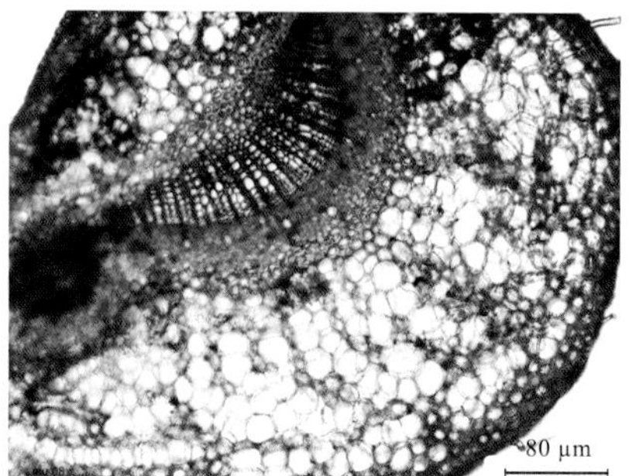

南昆山毛叶茶古树27号

***Camellia sinensis* var. *ptilophylla* Chang cv. *Nankunshan Maoyecha* No. 27**

地理环境：海拔669 m，坡度26.7°。

形态特征：树高5.1 m，胸径13.5 cm，冠幅2.5 m，乔木型，树姿直立；叶片披针形，长14.0 cm，宽3.9 cm，深绿色，叶面平，叶身内折，质地硬，叶齿锐密浅，叶基楔形，叶尖渐尖，叶脉10对，叶缘平；芽叶紫绿色，茸毛密。

生化特性：一芽二叶蒸青样含水浸出物40.3%，可溶性糖3.4%，茶多酚21.2%，可可碱5.2%，咖啡碱0.0%，茶氨酸0.7%，EGCG 0.8%，GCG 9.8%，ECG 0.2%，CG 0.3%，GC 1.3%，EGC 0.1%，C 2.6%，EC 0.1%。

叶肉组织特征：

栅栏组织厚（μm）	28.75	角质层厚（μm）	5.98
栅栏组织层数	1	下表皮厚（μm）	8.75
海绵组织厚（μm）	115.00	上表皮厚（μm）	17.50
栅栏系数	0.25	全叶厚（μm）	170.00

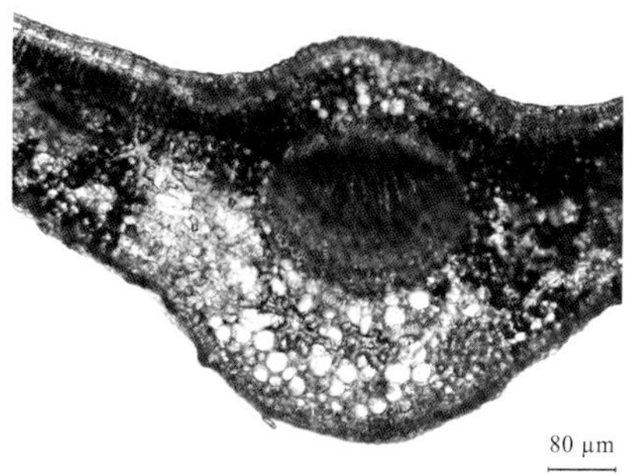

南昆山毛叶茶古树28号

Camellia sinensis **var.** ***ptilophylla*** **Chang cv.** ***Nankunshan Maoyecha*** **No. 28**

地理环境：海拔669 m，坡度26.7°。

形态特征：树高3.2 m，胸径10.2 cm，冠幅2.2 m，乔木型，树姿直立；叶片披针形，长18.5 cm，宽5.6 cm，深绿色，叶面微隆，叶身平，质地中，叶齿钝中浅，叶基楔形，叶尖渐尖，叶脉8对，叶缘平；芽叶黄绿色，茸毛密。

生化特性：一芽二叶蒸青样含水浸出物43.3%，可溶性糖2.8%，茶多酚20.8%，可可碱4.3%，咖啡碱0.0%，茶氨酸0.8%，EGCG 1.2%，GCG 12.3%，ECG 0.2%，CG 0.2%，GC 1.0%，EGC 0.2%，C 2.3%，EC 0.1%。

叶肉组织特征：

栅栏组织厚（μm）	37.14	角质层厚（μm）	2.57
栅栏组织层数	1	下表皮厚（μm）	11.43
海绵组织厚（μm）	97.14	上表皮厚（μm）	12.86
栅栏系数	0.38	全叶厚（μm）	158.57

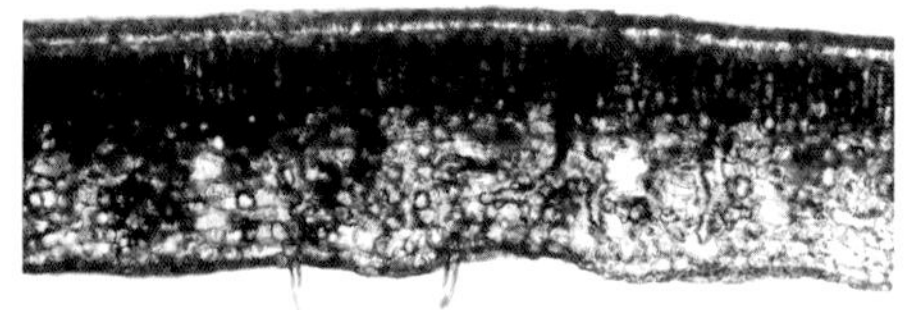

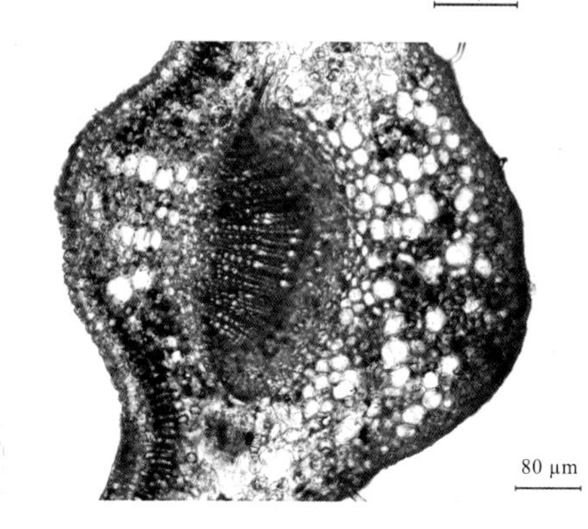

南昆山毛叶茶古树29号

Camellia sinensis var. *ptilophylla* Chang cv. *Nankunshan Maoyecha* No. 29

地理环境： 海拔669 m，坡度26.7°。

形态特征： 树高4.3 m，胸径13.1 cm，冠幅2.6 m，乔木型，树姿直立；叶片椭圆形，长13.8 cm，宽6.5 cm，深绿色，叶面微隆，叶身平，质地中，叶齿钝稀中，叶基楔形，叶尖渐尖，叶脉8对，叶缘平。芽叶淡绿色，茸毛密。

生化特性： 一芽二叶蒸青样含水浸出物41.0%，可溶性糖2.8%，茶多酚20.8%，可可碱4.3%，咖啡碱0.0%，茶氨酸0.8%，EGCG 1.2%，GCG 6.2%，ECG 1.4%，CG 0.1%，GC 3.1%，EGC 1.3%，C 3.0%，EC 0.6%。

叶肉组织特征：

栅栏组织厚（μm）	27.50	角质层厚（μm）	4.50
栅栏组织层数	1	下表皮厚（μm）	11.25
海绵组织厚（μm）	100.00	上表皮厚（μm）	21.25
栅栏系数	0.28	全叶厚（μm）	160.00

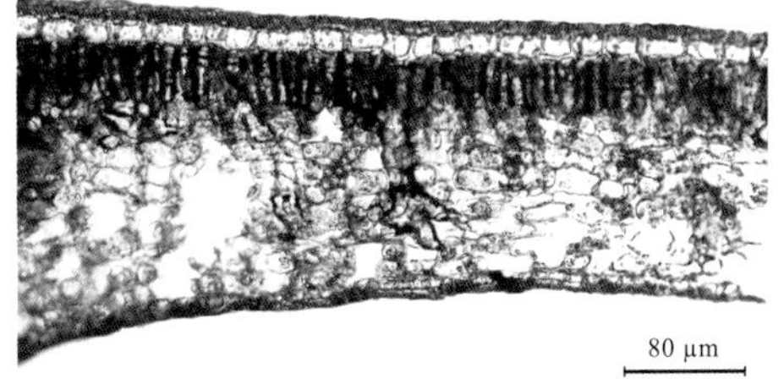

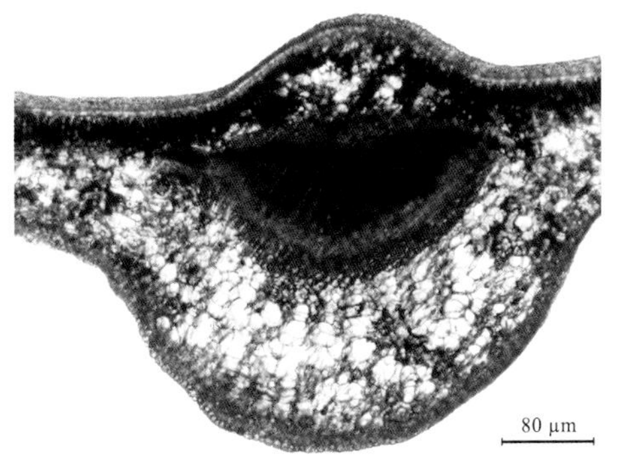

南昆山毛叶茶古树30号

Camellia sinensis var. *ptilophylla* Chang cv. *Nankunshan Maoyecha* No. 30

地理环境：海拔671 m，坡度28.9°。

形态特征：树高4.8 m，胸径17.0 cm，冠幅3.8 m，乔木型，树姿直立；叶片椭圆形，长10.5 cm，宽5.2 cm，深绿色，叶面平，叶身内折，质地中，叶齿钝密中，叶基近圆形，叶尖渐尖，叶脉9对，叶缘平；芽叶淡绿色，茸毛密。

生化特性：一芽二叶蒸青样含水浸出物56.6%，可溶性糖2.3%，茶多酚20.9%，可可碱5.6%，咖啡碱0.0%，茶氨酸0.2%，EGCG 0.8%，GCG 8.9%，ECG 0.3%，CG 0.2%，GC 1.3%，EGC 0.1%，C 2.3%，EC 0.2%。

叶肉组织特征：

栅栏组织厚（μm）	46.15	角质层厚（μm）	3.08
栅栏组织层数	1	下表皮厚（μm）	9.23
海绵组织厚（μm）	123.08	上表皮厚（μm）	18.46
栅栏系数	0.37	全叶厚（μm）	196.92

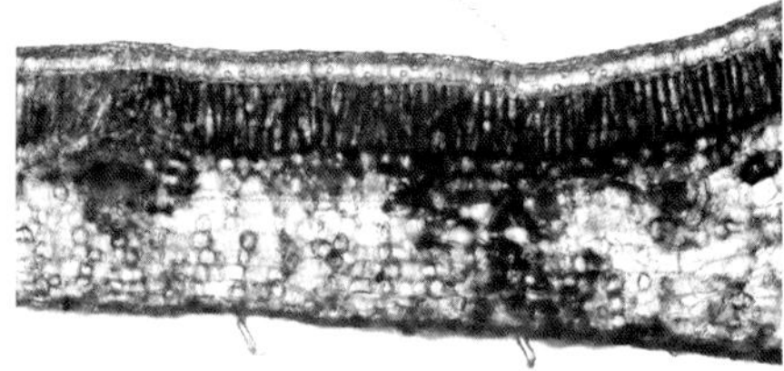

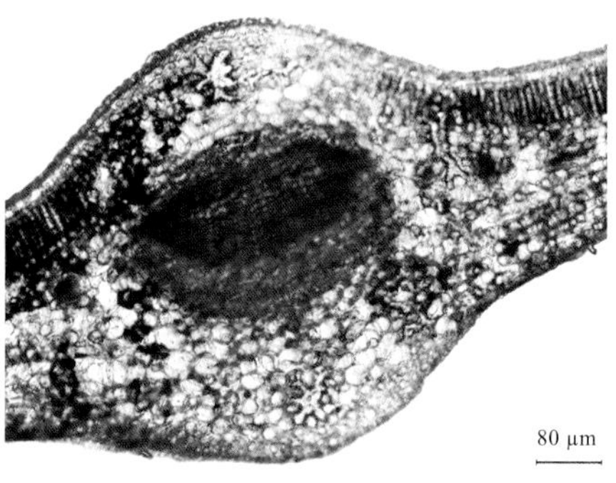

南昆山毛叶茶古树31号

Camellia sinensis var. *ptilophylla* Chang cv. *Nankunshan Maoyecha* No. 31

地理环境：海拔671 m，坡度28.9°。

形态特征：树高3.5 m，胸径12.9 cm，冠幅1.6 m，乔木型，树姿直立；叶片长椭圆形，长16.5 cm，宽5.7 cm，深绿色，叶面微隆，叶身平，质地硬，叶齿钝中浅，叶基楔形，叶尖渐尖，叶脉8对，叶缘平；芽叶绿色，茸毛密。

生化特性：一芽二叶蒸青样含水浸出物40.6%，可溶性糖2.0%，茶多酚20.7%，可可碱5.4%，咖啡碱0.0%，茶氨酸0.4%，EGCG 0.5%，GCG 12.5%，ECG 0.2%，CG 0.2%，GC 1.3%，EGC 0.1%，C 2.4%，EC 0.1%。

叶肉组织特征：

栅栏组织厚（μm）	64.35	角质层厚（μm）	4.24
栅栏组织层数	1	下表皮厚（μm）	10.36
海绵组织厚（μm）	116.23	上表皮厚（μm）	24.57
栅栏系数	0.55	全叶厚（μm）	215.51

南昆山毛叶茶古树32号

Camellia sinensis **var.** ***ptilophylla*** **Chang cv.** ***Nankunshan Maoyecha*** **No. 32**

地理环境： 海拔663 m，坡度26.6°。

形态特征： 树高2.5 m，胸径10.1 cm，冠幅2.5 m，乔木型，树姿直立；叶片长椭圆形，长16.5 cm，宽5.7 cm，深绿色，叶面平，叶身平，质地中，叶齿钝稀浅，叶基楔形，叶尖渐尖，叶脉9对，叶缘平；芽叶绿色，茸毛密。

生化特性： 一芽二叶蒸青样含水浸出物39.3%，可溶性糖2.5%，茶多酚19.8%，可可碱3.4%，咖啡碱0.0%，茶氨酸0.1%，EGCG 0.5%，GCG 9.7%，ECG 0.3%，CG 0.3%，GC 0.8%，EGC 0.1%，C 2.0%，EC 0.1%。

叶肉组织特征：

栅栏组织厚（μm）	32.38	角质层厚（μm）	2.76
栅栏组织层数	1	下表皮厚（μm）	11.43
海绵组织厚（μm）	100.95	上表皮厚（μm）	19.05
栅栏系数	0.32	全叶厚（μm）	163.81

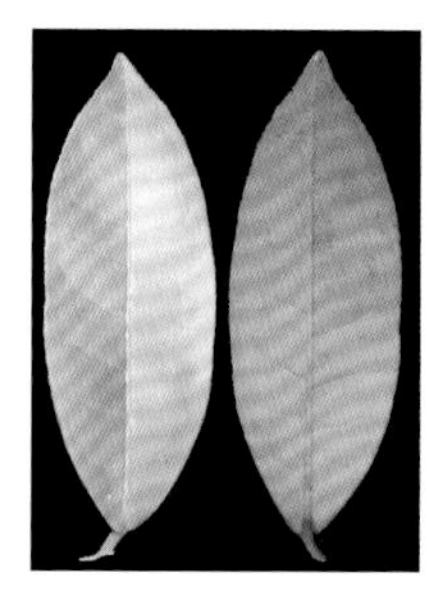

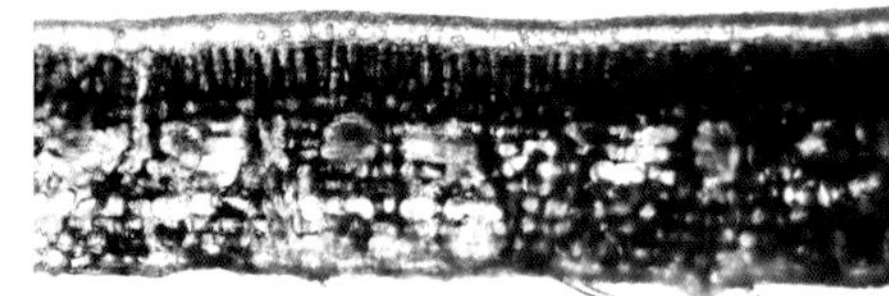

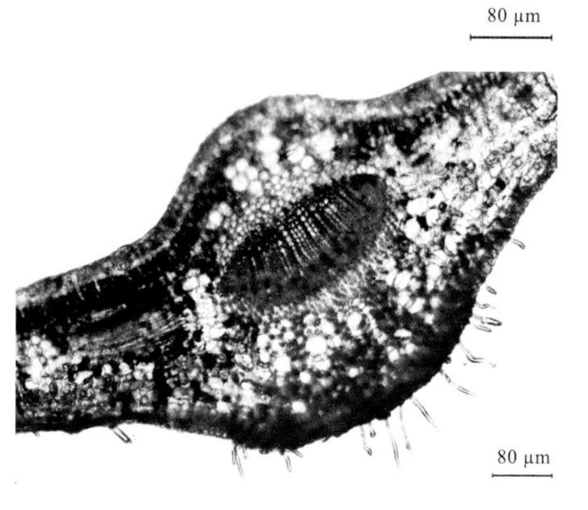

南昆山毛叶茶古树33号

Camellia sinensis var. *ptilophylla* Chang cv. *Nankunshan Maoyecha* No. 33

地理环境： 海拔667 m，坡度24.7°。

形态特征： 树高4.5 m，胸径27.3 cm，冠幅2.4 m，乔木型，树姿直立；叶片长椭圆形，长14.6 cm，宽5.0 cm，深绿色，叶面平，叶身平，质地中，叶齿锐稀浅，叶基楔形，叶尖渐尖，叶脉8对，叶缘平。芽叶淡绿色，茸毛密。

生化特性： 一芽二叶蒸青样含水浸出物40.6%，可溶性糖1.5%，茶多酚19.8%，可可碱5.4%，咖啡碱0.0%，茶氨酸0.1%，EGCG 1.3%，GCG 9.7%，ECG 0.2%，CG 0.3%，GC 1.3%，EGC 0.2%，C 1.6%，EC 0.1%。

叶肉组织特征：

栅栏组织厚（μm）	37.33	角质层厚（μm）	4.89
栅栏组织层数	1	下表皮厚（μm）	12.44
海绵组织厚（μm）	85.33	上表皮厚（μm）	20.44
栅栏系数	0.44	全叶厚（μm）	155.54

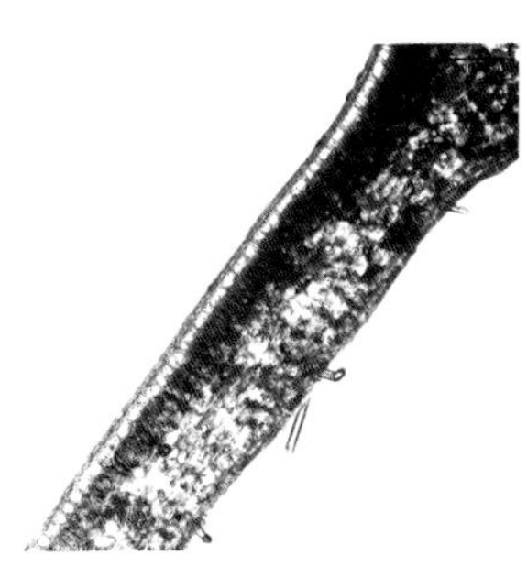

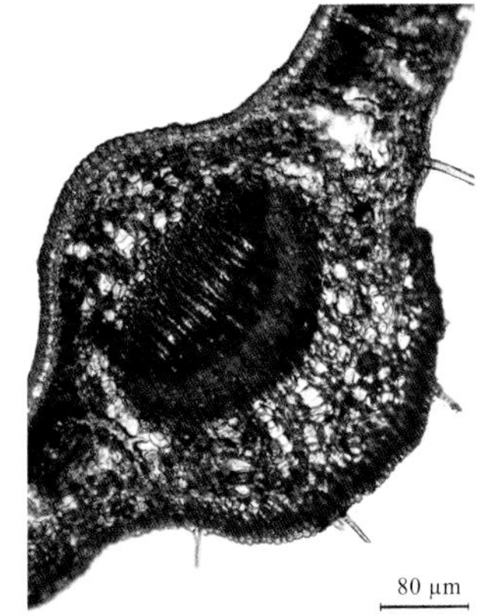

南昆山毛叶茶古树34号

***Camellia sinensis* var. *ptilophylla* Chang cv. *Nankunshan Maoyecha* No. 34**

地理环境：海拔667 m，坡度24.7°。

形态特征：树高4.8 m，胸径13.2 cm，冠幅2.5 m，乔木型，树姿直立；叶片长椭圆形，长17.4 cm，宽6.0 cm，深绿色，叶面平，叶身平，质地中，叶齿锐中浅，叶基楔形，叶尖渐尖，叶脉8对，叶缘平。芽叶淡绿色，茸毛密。

生化特性：一芽二叶蒸青样含水浸出物39.3%，可溶性糖4.2%，茶多酚19.3%，可可碱5.9%，咖啡碱0.08%，茶氨酸0.8%，EGCG 0.5%，GCG 10.1%，ECG 0.2%，CG 0.2%，GC 1.4%，EGC 0.1%，C 1.8%，EC 0.1%。

叶肉组织特征：

栅栏组织厚（μm）	38.40	角质层厚（μm）	3.20
栅栏组织层数	1	下表皮厚（μm）	12.80
海绵组织厚（μm）	121.60	上表皮厚（μm）	19.20
栅栏系数	0.32	全叶厚（μm）	192.00

南昆山毛叶茶古树35号

Camellia sinensis var. *ptilophylla* Chang cv. *Nankunshan Maoyecha* No. 35

地理环境： 海拔609 m，坡度35.1°。

形态特征： 树高5.8 m，胸径26.0 cm，冠幅2.3 m，乔木型，树姿直立；叶片椭圆形，长19.0 cm，宽8.0 cm，深绿色，叶面平，叶身平，质地中，叶齿钝中浅，叶基楔形，叶尖渐尖，叶脉10对，叶缘平。芽叶绿色，茸毛密。

生化特性： 一芽二叶蒸青样含水浸出物44.3%，可溶性糖4.7%，茶多酚22.1%，可可碱4.7%，咖啡碱0.0%，茶氨酸0.4%，EGCG 1.2%，GCG 6.1%，ECG 1.4%，CG 0.1%，GC 3.7%，EGC 0.9%，C 3.3%，EC 0.6%。

叶肉组织特征：

栅栏组织厚（μm）	41.29	角质层厚（μm）	3.87
栅栏组织层数	1	下表皮厚（μm）	9.03
海绵组织厚（μm）	108.39	上表皮厚（μm）	23.23
栅栏系数	0.38	全叶厚（μm）	181.94

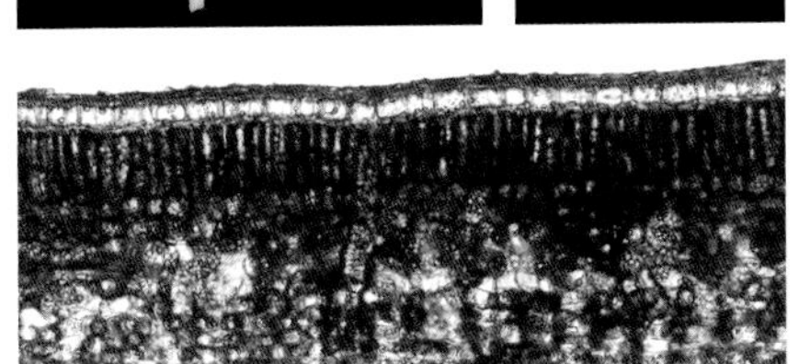

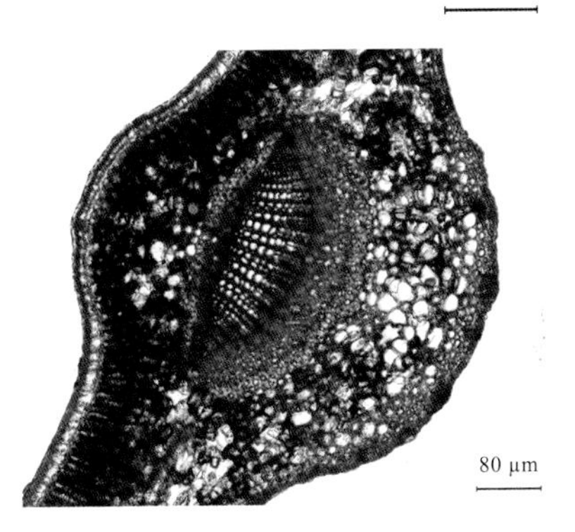

南昆山毛叶茶古树36号

Camellia sinensis var. *ptilophylla* Chang cv. *Nankunshan Maoyecha* No. 36

地理环境： 海拔609 m，坡度35.1°。

形态特征： 树高8.2 m，胸径26.1 cm，冠幅5.0 m，乔木型，树姿直立；叶片披针形，长14.7 cm，宽4.6 cm，深绿色，叶面平，叶身稍背卷，质地硬，叶齿锐中浅，叶基楔形，叶尖渐尖，叶脉9对，叶缘平。芽叶淡绿色，茸毛密。

生化特性： 一芽二叶蒸青样含水浸出物35.1%，可溶性糖3.9%，茶多酚19.8%，可可碱4.0%，咖啡碱0.0%，茶氨酸0.4%，EGCG 1.5%，GCG 7.2%，ECG 1.6%，CG 0.1%，GC 0.6%，EGC 1.0%，C 2.6%，EC 0.5%。

叶肉组织特征：

栅栏组织厚（μm）	40.00	角质层厚（μm）	2.86
栅栏组织层数	1	下表皮厚（μm）	10.00
海绵组织厚（μm）	102.86	上表皮厚（μm）	24.29
栅栏系数	0.39	全叶厚（μm）	177.14

南昆山毛叶茶古树37号

Camellia sinensis var. *ptilophylla* Chang cv. *Nankunshan Maoyecha* No. 37

地理环境： 海拔707 m，坡度22.3°。

形态特征： 树高6.3 m，胸径12.1 cm，冠幅2.7 m，乔木型，树姿直立；叶片长椭圆形，长14.7 cm，宽5.6 cm，深绿色，叶面微隆，叶身平，质地硬，叶齿钝中浅，叶基楔形，叶尖渐尖，叶脉10对，叶缘平；芽叶黄绿色，茸毛密。

生化特性： 一芽二叶蒸青样含水浸出物39.3%，可溶性糖3.3%，茶多酚23.6%，可可碱5.9%，咖啡碱0.0%，茶氨酸0.1%，EGCG 0.7%，GCG 9.8%，ECG 0.4%，CG 0.2%，GC 1.2%，EGC 0.1%，C 3.3%，EC 0.2%。

叶肉组织特征：

栅栏组织厚（μm）	28.57	角质层厚（μm）	3.43
栅栏组织层数	1	下表皮厚（μm）	11.43
海绵组织厚（μm）	91.43	上表皮厚（μm）	18.57
栅栏系数	0.31	全叶厚（μm）	150.00

南昆山毛叶茶古树38号

***Camellia sinensis* var. *ptilophylla* Chang cv. *Nankunshan Maoyecha* No. 38**

地理环境：海拔707 m，坡度31.5°。

形态特征：树高6.5 m，胸径13.3 cm，冠幅2.3 m，乔木型，树姿直立；叶片长椭圆形，长13.4 cm，宽4.9 cm，绿色，叶面平，叶身平，质地硬，叶齿钝稀浅，叶基楔形，叶尖渐尖，叶脉8对，叶缘平；芽叶绿色，茸毛密。

生化特性：一芽二叶蒸青样含水浸出物36.3%，可溶性糖2.9%，茶多酚20.9%，可可碱4.8%，咖啡碱0.1%，茶氨酸0.2%，EGCG 0.5%，GCG 9.2%，ECG 0.2%，CG 0.3%，GC 1.1%，EGC 0.1%，C 2.9%，EC 0.1%。

叶肉组织特征：

栅栏组织厚（μm）	40.00	角质层厚（μm）	3.64
栅栏组织层数	1	下表皮厚（μm）	10.91
海绵组织厚（μm）	94.55	上表皮厚（μm）	21.82
栅栏系数	0.42	全叶厚（μm）	167.27

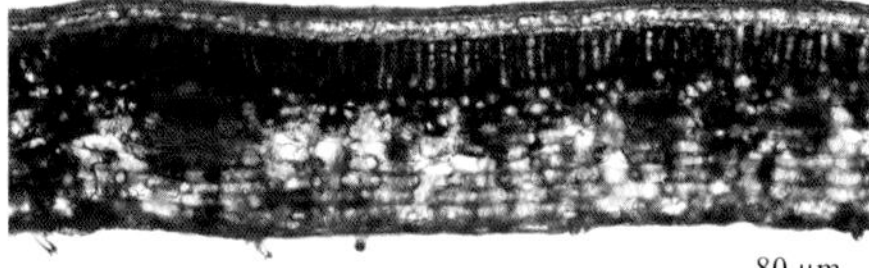

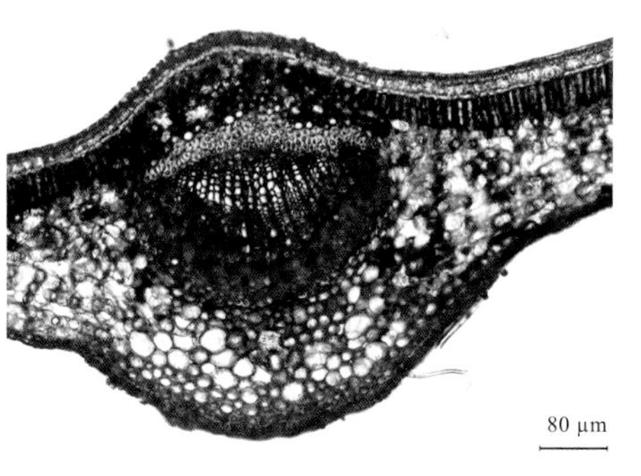

南昆山毛叶茶古树39号

Camellia sinensis var. *ptilophylla* Chang cv. *Nankunshan Maoyecha* No. 39

地理环境：海拔743 m，坡度30.7°。

形态特征：树高6.1 m，胸径10.5 cm，冠幅2.6 m，乔木型，树姿直立；叶片长椭圆形，长14.8 cm，宽4.9 cm，深绿色，叶面微隆，叶身稍背卷，质地中，叶齿钝密浅，叶基楔形，叶尖渐尖，叶脉9对，叶缘波；芽叶淡绿色，茸毛密。

生化特性：一芽二叶蒸青样含水浸出物41.6%，可溶性糖2.2%，茶多酚20.3%，可可碱6.2%，咖啡碱0.0%，茶氨酸0.7%，EGCG 0.7%，GCG 8.5%，ECG 0.3%，CG 0.1%，GC 1.0%，EGC 0.1%，C 2.4%，EC 0.2%。

叶肉组织特征：

栅栏组织厚（μm）	40.00	角质层厚（μm）	5.50
栅栏组织层数	1	下表皮厚（μm）	12.86
海绵组织厚（μm）	122.86	上表皮厚（μm）	22.86
栅栏系数	0.33	全叶厚（μm）	198.57

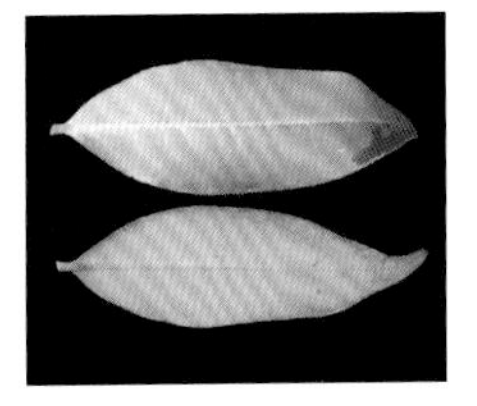

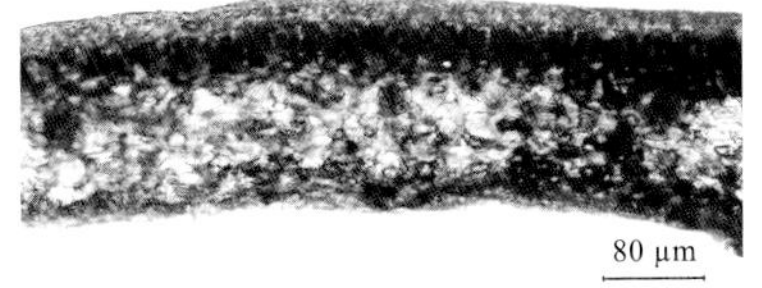

南昆山毛叶茶古树40号

Camellia sinensis var. *ptilophylla* Chang cv. *Nankunshan Maoyecha* No. 40

地理环境： 海拔728 m，坡度47.0°。

形态特征： 树高4.3 m，胸径21.0 cm，冠幅3.1 m，乔木型，树姿直立；叶片披针形，长14.8 cm，宽4.5 cm，深绿色，叶面平，叶身平，质地中，叶齿钝中浅，叶基楔形，叶尖渐尖，叶脉9对，叶缘平。芽叶黄绿色，茸毛密。

生化特性： 一芽二叶蒸青样含水浸出物34.3%，可溶性糖3.7%，茶多酚19.8%，可可碱4.0%，咖啡碱0.0%，茶氨酸0.2%，EGCG 0.7%，GCG 9.2%，ECG 0.2%，CG 0.2%，GC 0.9%，EGC 0.1%，C 2.5%，EC 0.1%。

叶肉组织特征：

栅栏组织厚（μm）	58.89	角质层厚（μm）	4.00
栅栏组织层数	1	下表皮厚（μm）	13.33
海绵组织厚（μm）	81.11	上表皮厚（μm）	18.89
栅栏系数	0.73	全叶厚（μm）	172.22

南昆山毛叶茶古树41号

Camellia sinensis var. *ptilophylla* Chang cv. *Nankunshan Maoyecha* No. 41

地理环境：海拔728 m，坡度47.0°。

形态特征：树高5.2 m，胸径11.1 cm，冠幅2.6 m，乔木型，树姿直立；叶片长椭圆形，长16.5 cm，宽5.5 cm，深绿色，叶面平，叶身平，质地中，叶齿钝中浅，叶基楔形，叶尖渐尖，叶脉10对，叶缘平。芽叶黄绿色，茸毛密；果3裂，直径2.4 cm。

生化特性：一芽二叶蒸青样含水浸出物37.0%，可溶性糖4.4%，茶多酚20.1%，可可碱4.6%，咖啡碱0.0%，茶氨酸0.1%，EGCG 0.6%，GCG 7.5%，ECG 0.3%，CG 0.1%，GC 1.2%，EGC 0.2%，C 2.6%，EC 0.2%。

叶肉组织特征：

栅栏组织厚（μm）	76.44	角质层厚（μm）	2.84
栅栏组织层数	1	下表皮厚（μm）	9.78
海绵组织厚（μm）	104.89	上表皮厚（μm）	14.67
栅栏系数	0.73	全叶厚（μm）	205.78

南昆山毛叶茶古树42号

Camellia sinensis var. *ptilophylla* Chang cv. *Nankunshan Maoyecha* No. 42

地理环境： 海拔728 m，坡度47.0°。

形态特征： 树高3.4 m，胸径10.1 cm，冠幅1.5 m，乔木型，树姿直立；叶片长椭圆形，长17.0 cm，宽6.0 cm，深绿色，叶面平，叶身稍背卷，质地中，叶齿锐密中，叶基楔形，叶尖急尖，叶脉8对，叶缘微波；芽叶绿色，茸毛密。

生化特性： 一芽二叶蒸青样含水浸出物36.0%，可溶性糖4.7%，茶多酚19.9%，可可碱5.0%，咖啡碱0.03%，茶氨酸0.2%，EGCG 0.7%，GCG 9.2%，ECG 0.2%，CG 0.3%，GC 1.2%，EGC 0.1%，C 1.9%，EC 0.1%。

叶肉组织特征：

栅栏组织厚（μm）	36.25	角质层厚（μm）	4.3
栅栏组织层数	1	下表皮厚（μm）	11.25
海绵组织厚（μm）	130.00	上表皮厚（μm）	20.00
栅栏系数	0.28	全叶厚（μm）	197.50

南昆山毛叶茶古树43号

Camellia sinensis var. *ptilophylla* Chang cv. *Nankunshan Maoyecha* No. 43

地理环境：海拔728 m，坡度47.0°。

形态特征：树高5.9 m，胸径10.0 cm，冠幅2.1 m，乔木型，树姿直立；叶片长椭圆形，长15.5 cm，宽5.2 cm，深绿色，叶面平，叶身平，质地中，叶齿钝稀浅，叶基楔形，叶尖渐尖，叶脉9对，叶缘平；芽叶淡绿色，茸毛密。

生化特性：一芽二叶蒸青样含水浸出物34.7%，可溶性糖3.1%，茶多酚20.1%，可可碱4.2%，咖啡碱0.06%，茶氨酸0.7%，EGCG 0.5%，GCG 4.3%，ECG 0.2%，CG 0.1%，GC 0.8%，EGC 0.2%，C 0.5%，EC 0.2%。

叶肉组织特征：

栅栏组织厚（μm）	64.52	角质层厚（μm）	2.58
栅栏组织层数	1	下表皮厚（μm）	12.90
海绵组织厚（μm）	107.53	上表皮厚（μm）	18.06
栅栏系数	0.60	全叶厚（μm）	203.01

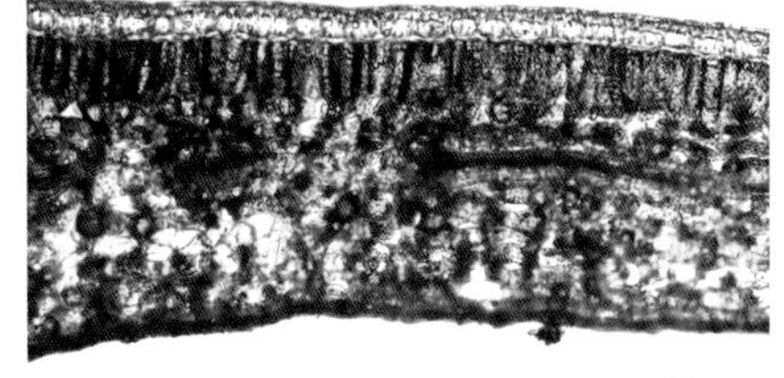

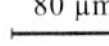

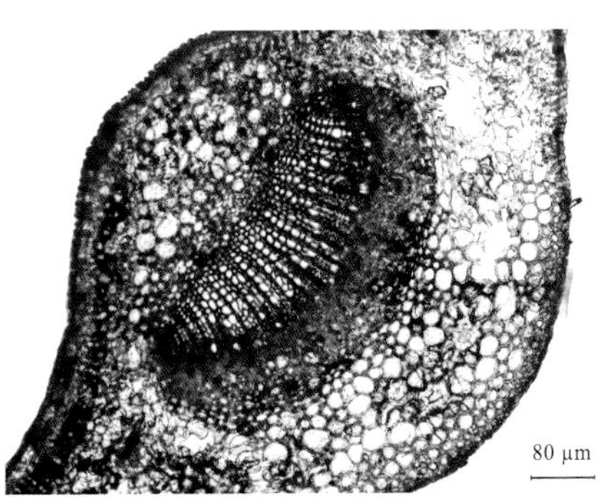

南昆山毛叶茶古树44号

Camellia sinensis var. *ptilophylla* Chang cv. *Nankunshan Maoyecha* No. 44

地理环境：海拔708 m，坡度3.3°。

形态特征：树高4.3 m，胸径10.2 cm，冠幅1.8 m，乔木型，树姿直立；叶片长椭圆形，长17.2 cm，宽6.0 cm，绿色，叶面平，叶身平，质地中，叶齿钝中浅，叶基楔形，叶尖渐尖，叶脉7对，叶缘平；芽叶淡绿色，茸毛密。

生化特性：一芽二叶蒸青样含水浸出物41.0%，可溶性糖4.1%，茶多酚19.9%，可可碱4.5%，咖啡碱0.03%，茶氨酸0.4%，EGCG 0.5%，GCG 9.1%，ECG 0.1%，CG 0.2%，GC 1.2%，EGC 0.1%，C 1.7%，EC 0.1%。

叶肉组织特征：

栅栏组织厚（μm）	37.33	角质层厚（μm）	4.00
栅栏组织层数	1	下表皮厚（μm）	8.00
海绵组织厚（μm）	106.67	上表皮厚（μm）	18.67
栅栏系数	0.35	全叶厚（μm）	170.67

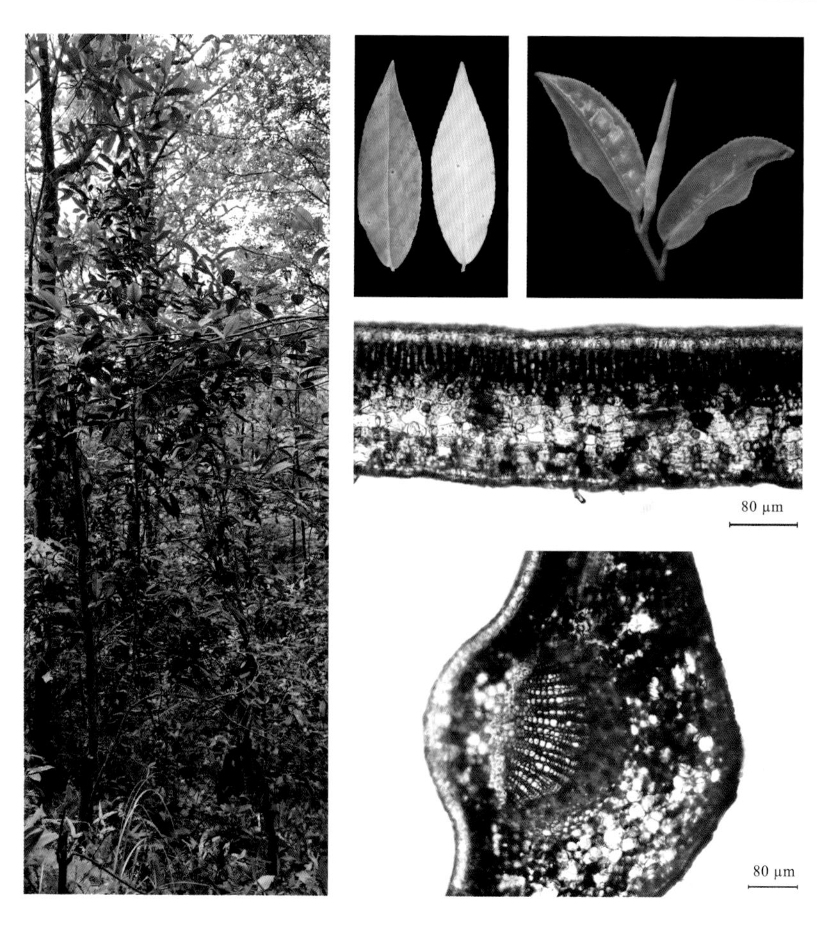

南昆山毛叶茶古树45号

Camellia sinensis var. *ptilophylla* Chang cv. *Nankunshan Maoyecha* No. 45

地理环境： 海拔728 m，坡度47.0°。

形态特征： 树高4.1 m，胸径10.0 cm，冠幅2.8 m，乔木型，树姿直立；叶片披针形，长20.1 cm，宽5.8 cm，深绿色，叶面平，叶身平，质地硬，叶齿钝中浅，叶基楔形，叶尖渐尖，叶脉8对，叶缘平。芽叶淡绿色，茸毛密。

生化特性： 一芽二叶蒸青样含水浸出物38.9%，可溶性糖6.0%，茶多酚20.7%，可可碱5.3%，咖啡碱0.06%，茶氨酸0.1%，EGCG 0.7%，GCG 8.3%，ECG 0.1%，CG 0.3%，GC 1.2%，EGC 0.1%，C 2.7%，EC 0.2%。

叶肉组织特征：

栅栏组织厚（μm）	32.00	角质层厚（μm）	2.29
栅栏组织层数	1	下表皮厚（μm）	10.29
海绵组织厚（μm）	148.57	上表皮厚（μm）	18.29
栅栏系数	0.22	全叶厚（μm）	209.14

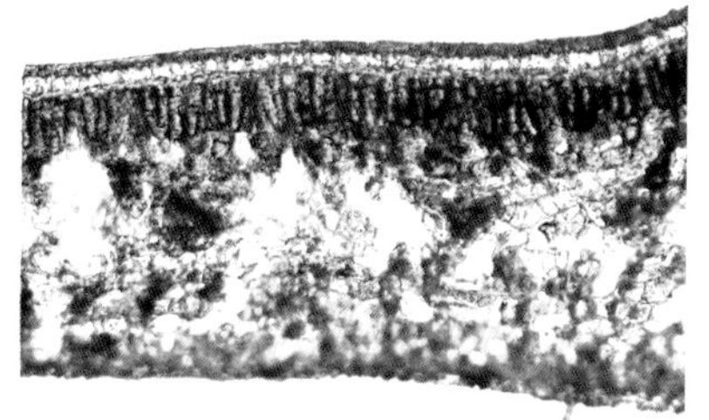

南昆山毛叶茶古树46号

Camellia sinensis var. *ptilophylla* Chang cv. *Nankunshan Maoyecha* No. 46

地理环境：海拔710 m，坡度41.4°。

形态特征：树高5.5 m，胸径15.0 cm，冠幅3.2 m，乔木型，树姿直立；叶片长椭圆形，长15.7 cm，宽5.7 cm，深绿色，叶面平，叶身稍背卷，质地硬，叶齿锐中浅，叶基楔形，叶尖渐尖，叶脉8对，叶缘平。芽叶绿色，茸毛密；果3裂，直径2.3 cm。

生化特性：一芽二叶蒸青样含水浸出物41.6%，可溶性糖4.0%，茶多酚20.4%，可可碱5.3%，咖啡碱0.0%，茶氨酸0.5%，EGCG 0.7%，GCG 11.2%，ECG 0.2%，CG 0.2%，GC 1.5%，EGC 0.1%，C 2.8%，EC 0.1%。

叶肉组织特征：

栅栏组织厚（μm）	35.29	角质层厚（μm）	2.35
栅栏组织层数	1	下表皮厚（μm）	9.41
海绵组织厚（μm）	117.65	上表皮厚（μm）	14.12
栅栏系数	0.30	全叶厚（μm）	176.47

南昆山毛叶茶古树47号

Camellia sinensis var. *ptilophylla* Chang cv. *Nankunshan Maoyecha* No. 47

地理环境： 海拔710 m，坡度41.4°。

形态特征： 树高5.1 m，胸径12.1 cm，冠幅2.3 m，乔木型，树姿直立；叶片披针形，长19.6 cm，宽6.2 cm，深绿色，叶面平，叶身稍背卷，质地硬，叶齿钝中浅，叶基楔形，叶尖渐尖，叶脉10对，叶缘平；芽叶淡绿色，茸毛密；3裂，直径2.4 cm。

生化特性： 一芽二叶蒸青样含水浸出物42.7%，可溶性糖3.2%，茶多酚20.6%，可可碱5.4%，咖啡碱0.02%，茶氨酸0.1%，EGCG 0.7%，GCG 10.7%，ECG 0.2%，CG 0.2%，GC 1.2%，EGC 0.1%，C 2.2%，EC 0.1%。

叶肉组织特征：

栅栏组织厚（μm）	36.36	角质层厚（μm）	2.42
栅栏组织层数	1	下表皮厚（μm）	7.27
海绵组织厚（μm）	121.21	上表皮厚（μm）	16.97
栅栏系数	0.30	全叶厚（μm）	181.82

南昆山毛叶茶古树48号

Camellia sinensis var. *ptilophylla* Chang cv. *Nankunshan Maoyecha* No. 48

地理环境：海拔716 m，坡度34.8°。

形态特征：树高3.6 m，胸径11.8 cm，冠幅2.4 m，乔木型，树姿半开张；叶片长椭圆形，长16.8 cm，宽5.9 cm，绿色，叶面平，叶身稍背卷，质地中，叶齿钝中浅，叶基楔形，叶尖渐尖，叶脉8对，叶缘微波。芽叶绿色，茸毛密。

生化特性：一芽二叶蒸青样含水浸出物42.3%，可溶性糖2.7%，茶多酚20.2%，可可碱6.8%，咖啡碱0.08%，茶氨酸0.2%，EGCG 1.1%，GCG 10.0%，ECG 0.2%，CG 0.2%，GC 1.5%，EGC 0.2%，C 2.9%，EC 0.1%。

叶肉组织特征：

栅栏组织厚（μm）	30.00	角质层厚（μm）	5.79
栅栏组织层数	1	下表皮厚（μm）	12.50
海绵组织厚（μm）	140.00	上表皮厚（μm）	15.00
栅栏系数	0.21	全叶厚（μm）	197.50

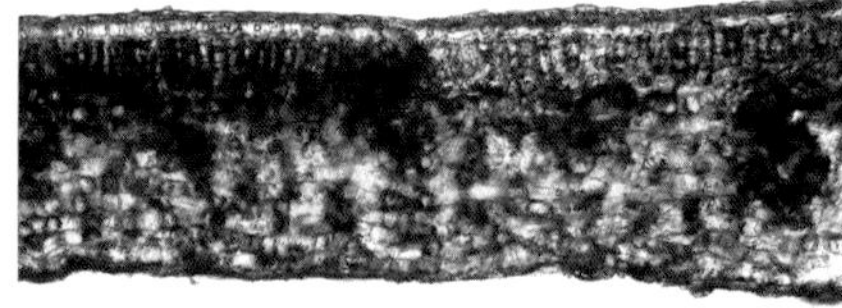

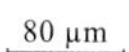

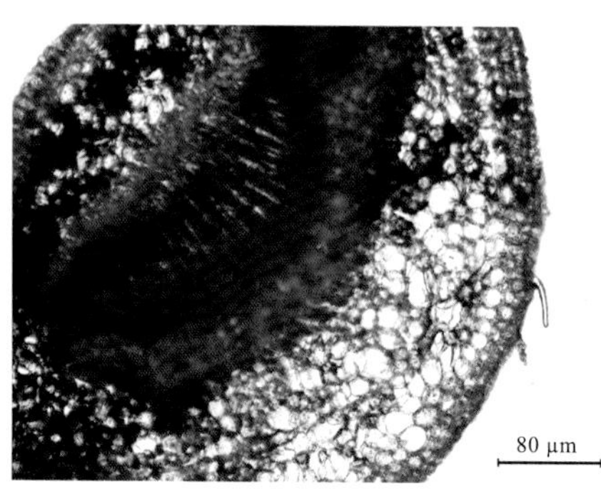

南昆山毛叶茶古树49号

Camellia sinensis var. *ptilophylla* Chang cv. *Nankunshan Maoyecha* No. 49

地理环境： 海拔743 m，坡度32.5°。

形态特征： 树高4.8 m，胸径12.0 cm，冠幅2.1 m，乔木型，树姿直立，叶片长椭圆形，长17.2 cm，宽6.3 cm，深绿色，叶面隆起，叶身平，质地中，叶齿钝密浅，叶基楔形，叶尖渐尖，叶脉9对，叶缘微波。芽叶淡绿色，茸毛密。

生化特性： 一芽二叶蒸青样含水浸出物43.0%，可溶性糖1.3%，茶多酚18.9%，可可碱6.9%，咖啡碱0.0%，茶氨酸0.1%，EGCG 0.8%，GCG 9.6%，ECG 0.3%，CG 0.2%，GC 1.2%，EGC 0.2%，C 2.3%，EC 0.1%。

叶肉组织特征：

栅栏组织厚（μm）	30.35	角质层厚（μm）	2.76
栅栏组织层数	1	下表皮厚（μm）	12.41
海绵组织厚（μm）	121.38	上表皮厚（μm）	24.83
栅栏系数	0.25	全叶厚（μm）	188.97

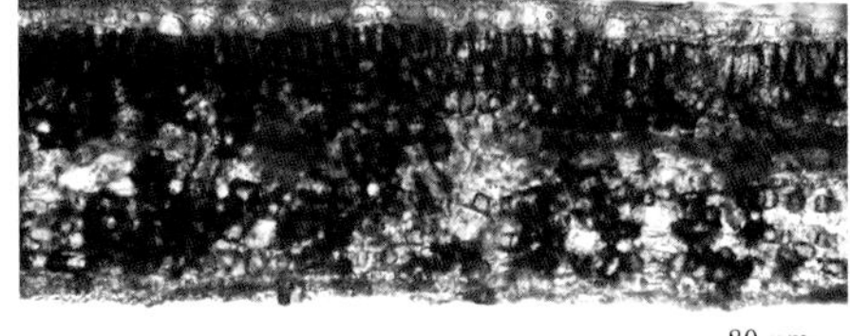

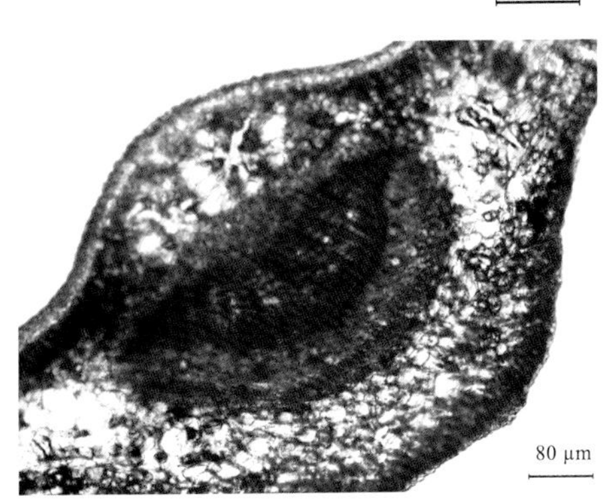

南昆山毛叶茶古树50号

Camellia sinensis var. *ptilophylla* Chang cv. *Nankunshan Maoyecha* No. 50

地理环境：海拔730 m，坡度32.5°。

形态特征：树高2.6 m，胸径14.6 cm，冠幅2.0 m，乔木型，树姿直立；叶片披针形，长16.5 cm，宽5.2 cm，深绿色，叶面微隆，叶身平，质地中，叶齿锐中浅，叶基楔形，叶尖渐尖，叶脉8对，叶缘微波。芽叶淡绿色，茸毛密。

生化特性：一芽二叶蒸青样含水浸出物42.3%，可溶性糖3.0%，茶多酚18.7%，可可碱5.0%，咖啡碱0.03%，茶氨酸0.8%，EGCG 1.2%，GCG 11.5%，ECG 0.2%，CG 0.2%，GC 1.1%，EGC 0.1%，C 3.0%，EC 0.3%。

叶肉组织特征：

栅栏组织厚（μm）	26.67	角质层厚（μm）	2.67
栅栏组织层数	1	下表皮厚（μm）	12.00
海绵组织厚（μm）	109.33	上表皮厚（μm）	16.00
栅栏系数	0.24	全叶厚（μm）	164.00

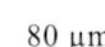

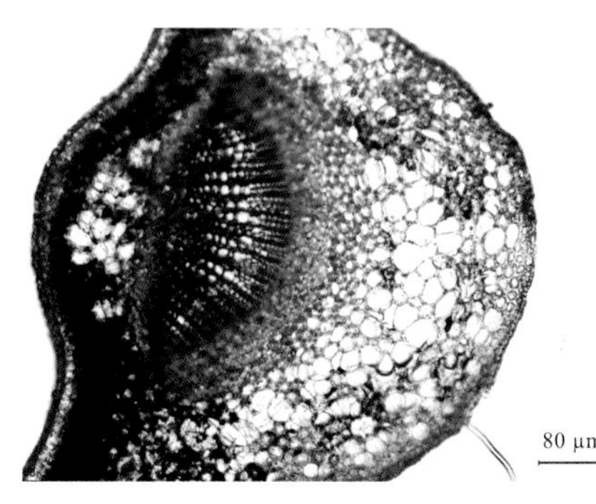

南昆山毛叶茶古树51号

Camellia sinensis var. *ptilophylla* Chang cv. *Nankunshan Maoyecha* No. 51

地理环境：海拔708 m，坡度31.1°。

形态特征：树高1.7 m，胸径10.2 cm，冠幅2.0 m，乔木型，树姿直立；叶片长椭圆形，长17.7 cm，宽6.0 cm，深绿色，叶面平，叶身平，质地中，叶齿钝中浅，叶基楔形，叶尖渐尖，叶脉10对，叶缘平。芽叶淡绿色，茸毛密。

生化特性：一芽二叶蒸青样含水浸出物43.5%，可溶性糖3.7%，茶多酚21.1%，可可碱4.8%，咖啡碱0.0%，茶氨酸0.5%，EGCG 0.6%，GCG 10.5%，ECG 0.3%，CG 0.2%，GC 1.2%，EGC 0.1%，C 2.1%，EC 0.1%。

叶肉组织特征：

栅栏组织厚（μm）	66.09	角质层厚（μm）	5.22
栅栏组织层数	1	下表皮厚（μm）	13.91
海绵组织厚（μm）	142.61	上表皮厚（μm）	27.83
栅栏系数	0.46	全叶厚（μm）	250.44

南昆山毛叶茶古树52号

Camellia sinensis var. *ptilophylla* Chang cv. *Nankunshan Maoyecha* No. 52

地理环境：海拔716 m，坡度30.2°。

形态特征：树高3.2 m，胸径22.0 cm，冠幅2.3 m，乔木型，树姿半开张；叶片长椭圆形，长13.4 cm，宽4.5 cm，深绿色，叶面微隆，叶身平，质地硬，叶齿锐密浅，叶基楔形，叶尖渐尖，叶脉7对，叶缘微波。芽叶淡绿色，茸毛密。

生化特性：一芽二叶蒸青样含水浸出物39.4%，可溶性糖3.6%，茶多酚23.8%，可可碱4.4%，咖啡碱0.0%，茶氨酸0.2%，EGCG 1.3%，GCG 7.9%，ECG 1.2%，CG 0.2%，GC 0.9%，EGC 0.1%，C 2.3%，EC 0.5%。

叶肉组织特征：

栅栏组织厚（μm）	30.00	角质层厚（μm）	2.89
栅栏组织层数	1	下表皮厚（μm）	11.67
海绵组织厚（μm）	126.67	上表皮厚（μm）	18.33
栅栏系数	0.24	全叶厚（μm）	186.67

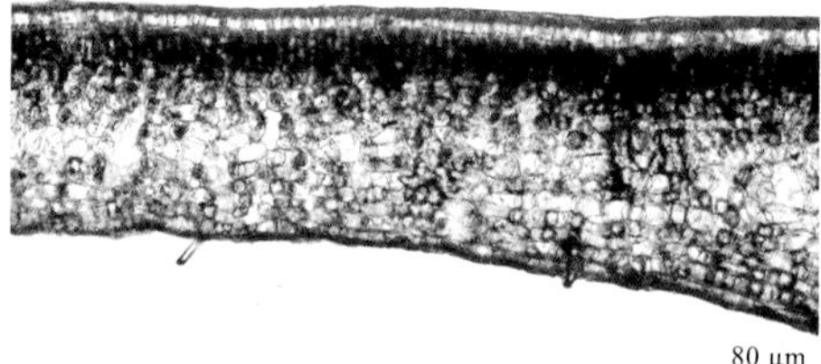

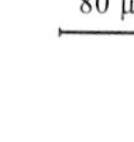

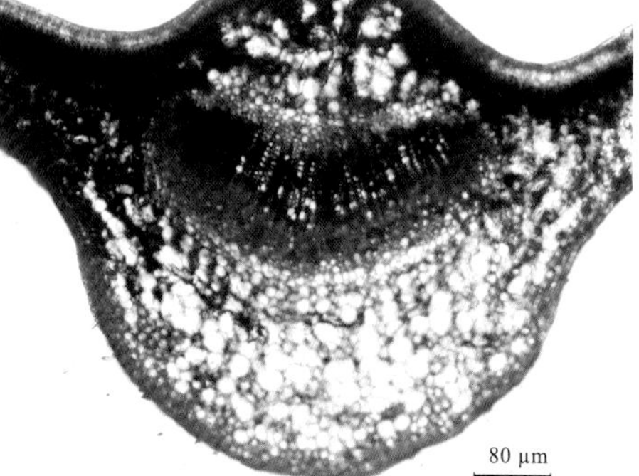

南昆山毛叶茶古树53号

Camellia sinensis var. *ptilophylla* Chang cv. *Nankunshan Maoyecha* No. 53

地理环境：海拔754 m，坡度41.8°。

形态特征：树高3.4 m，胸径15.3 cm，冠幅2.2 m，乔木型，树姿直立；叶片椭圆形，长14.4 cm，宽6.5 cm，深绿色，叶面平，叶身平，质地软，叶齿锐浅，叶基楔形，叶尖渐尖，叶脉8对，叶缘平。芽叶绿色，茸毛密。

生化特性：一芽二叶蒸青样含水浸出物42.3%，可溶性糖2.7%，茶多酚18.5%，可可碱6.4%，咖啡碱0.0%，茶氨酸0.2%，EGCG 1.0%，GCG 12.0%，ECG 0.2%，CG 0.2%，GC 1.1%，EGC 0.1%，C 3.2%，EC 0.2%。

叶肉组织特征：

栅栏组织厚（μm）	40.00	角质层厚（μm）	2.67
栅栏组织层数	1	下表皮厚（μm）	12.00
海绵组织厚（μm）	114.67	上表皮厚（μm）	18.67
栅栏系数	0.35	全叶厚（μm）	185.33

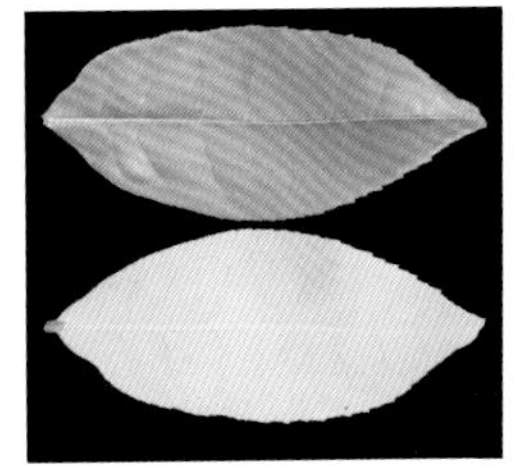

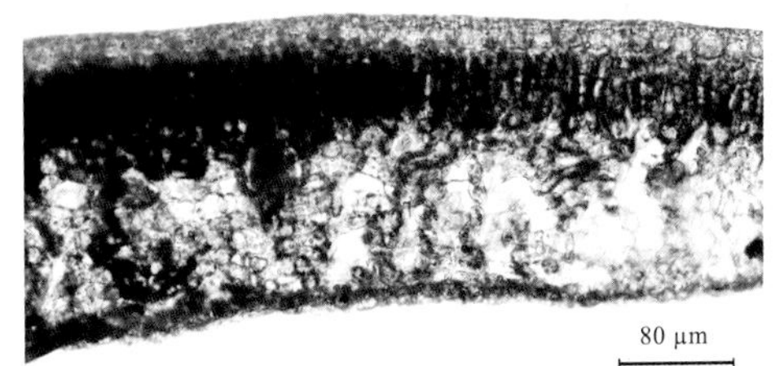

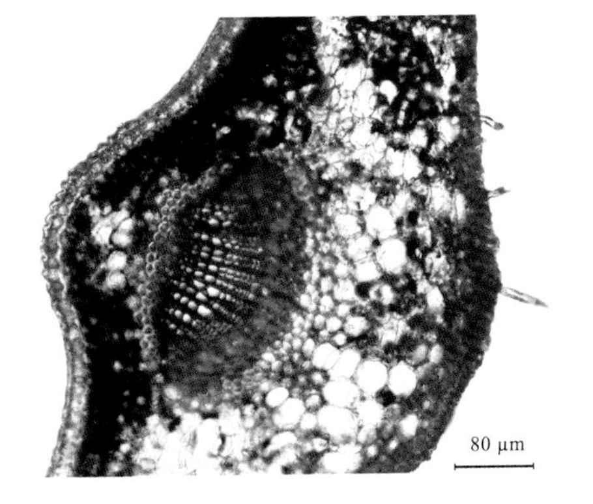

南昆山毛叶茶古树54号

Camellia sinensis var. *ptilophylla* Chang cv. *Nankunshan Maoyecha* No. 54

地理环境： 海拔754 m，坡度41.8°。

形态特征： 树高4.5 m，胸径10.4 cm，冠幅2.2 m，乔木型，树姿直立；叶片长椭圆形，长14.2 cm，宽4.8 cm，深绿色，叶面微隆，叶身稍背卷，质地中，叶齿锐中浅，叶基楔形，叶尖渐尖，叶脉9对，叶缘平。芽叶紫绿色，茸毛密。

生化特性： 一芽二叶蒸青样含水浸出物41.7%，可溶性糖3.8%，茶多酚22.8%，可可碱4.9%，咖啡碱0.0%，茶氨酸0.4%，EGCG 1.4%，GCG 8.3%，ECG 1.3%，CG 0.2%，GC 1.1%，EGC 0.1%，C 2.6%，EC 0.2%。

叶肉组织特征：

栅栏组织厚（μm）	31.43	角质层厚（μm）	2.29
栅栏组织层数	1	下表皮厚（μm）	8.57
海绵组织厚（μm）	97.14	上表皮厚（μm）	14.29
栅栏系数	0.32	全叶厚（μm）	151.43

南昆山毛叶茶古树55号

Camellia sinensis var. *ptilophylla* Chang cv. *Nankunshan Maoyecha* No. 55

地理环境：海拔754 m，坡度41.6°。

形态特征：树高4.9 m，胸径10.0 cm，冠幅1.4 m，乔木型，树姿直立；叶片椭圆形，长9.6 cm，宽4.6 cm，深绿色，叶面平，叶身平，质地中，叶齿锐中浅，叶基楔形，叶尖急尖，叶脉9对，叶缘平。芽叶紫绿色，茸毛密。

生化特性：一芽二叶蒸青样含水浸出物40.3%，可溶性糖4.4%，茶多酚26.3%，可可碱5.2%，咖啡碱0.0%，茶氨酸0.4%，EGCG 1.5%，GCG 8.0%，ECG 1.2%，CG 0.1%，GC 1.0%，EGC 1.2%，C 2.9%，EC 0.6%。

叶肉组织特征：

栅栏组织厚（μm）	45.33	角质层厚（μm）	2.84
栅栏组织层数	1	下表皮厚（μm）	9.33
海绵组织厚（μm）	109.33	上表皮厚（μm）	18.67
栅栏系数	0.41	全叶厚（μm）	182.67

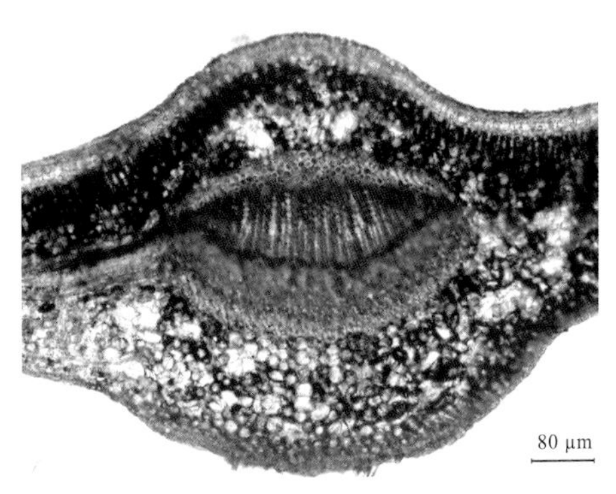

南昆山毛叶茶古树56号

Camellia sinensis var. *ptilophylla* Chang cv. *Nankunshan Maoyecha* No. 56

地理环境：海拔754 m，坡度41.6°。

形态特征：树高2.0 m，胸径12.6 cm，冠幅2.6 m，乔木型，树姿直立；叶片长椭圆形，长19.0 cm，宽6.8 cm，深绿色，叶面微隆，叶身稍内折，质地硬，叶齿锐中浅，叶基楔形，叶尖渐尖，叶脉9对，叶缘平。芽叶紫绿色，茸毛密。

生化特性：一芽二叶蒸青样含水浸出物45.9%，可溶性糖3.5%，茶多酚22.5%，可可碱6.4%，咖啡碱0.0%，茶氨酸0.3%，EGCG 1.0%，GCG 9.4%，ECG 0.3%，CG 0.2%，GC 1.2%，EGC 0.2%，C 2.6%，EC 0.2%。

叶肉组织特征：

栅栏组织厚（μm）	29.33	角质层厚（μm）	4.00
栅栏组织层数	1	下表皮厚（μm）	12.80
海绵组织厚（μm）	100.00	上表皮厚（μm）	24.00
栅栏系数	0.29	全叶厚（μm）	166.13

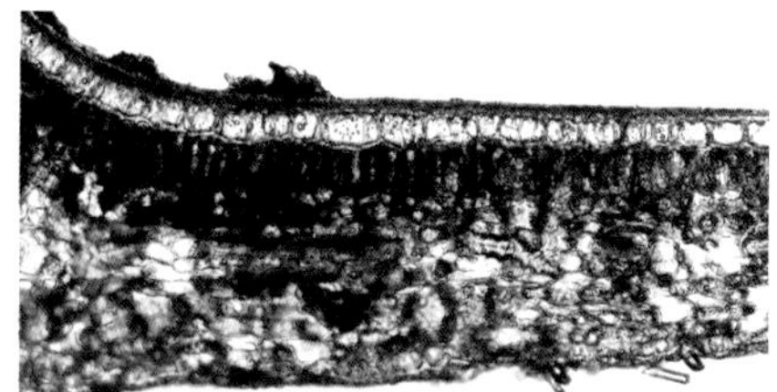

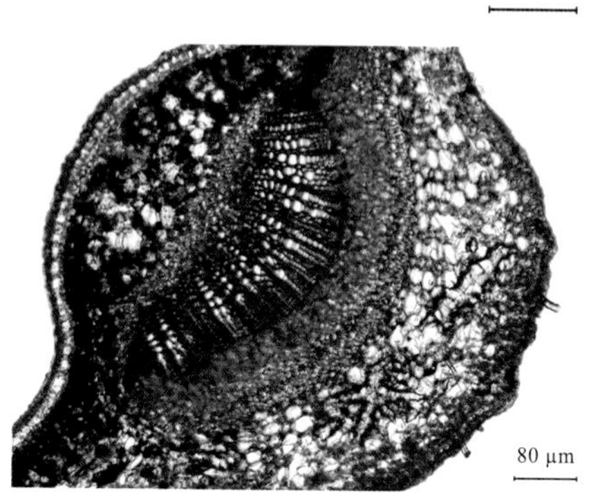

南昆山毛叶茶古树57号

Camellia sinensis var. *ptilophylla* Chang cv. *Nankunshan Maoyecha* No. 57

地理环境：海拔754 m，坡度40.8°。

形态特征：树高5.1 m，胸径10.2 cm，冠幅1.8 m，乔木型，树姿直立；叶片长椭圆形，长14.8 cm，宽5.6 cm，深绿色，叶面隆，叶身稍背卷，质地中，叶齿钝密浅，叶基楔形，叶尖渐尖，叶脉9对，叶缘平。芽叶深绿色，茸毛密。

生化特性：一芽二叶蒸青样含水浸出物36.0%，可溶性糖4.0%，茶多酚18.8%，可可碱3.1%，咖啡碱0.04%，茶氨酸0.6%，EGCG 0.6%，GCG 9.3%，ECG 0.2%，CG 0.2%，GC 0.7%，EGC 0.1%，C 2.5%，EC 0.2%。

叶肉组织特征：

栅栏组织厚（μm）	40.20	角质层厚（μm）	4.82
栅栏组织层数	1	下表皮厚（μm）	9.65
海绵组织厚（μm）	120.21	上表皮厚（μm）	18.64
栅栏系数	0.33	全叶厚（μm）	188.70

南昆山毛叶茶古树58号

Camellia sinensis var. *ptilophylla* Chang cv. *Nankunshan Maoyecha* No. 58

地理环境：海拔754 m，坡度40.8°。

形态特征：树高3.5 m，胸径10.1 cm，冠幅1.0 m，乔木型，树姿直立；叶片长椭圆形，长13.5 cm，宽4.9 cm，深绿色，叶面平，叶身稍背卷，质地硬，叶齿锐密浅，叶基楔形，叶尖渐尖，叶脉10对，叶缘平。芽叶绿色，茸毛密。

生化特性：一芽二叶蒸青样含水浸出物47.0%，可溶性糖3.2%，茶多酚19.3%，可可碱5.3%，咖啡碱0.0%，茶氨酸0.2%，EGCG 0.6%，GCG 7.8%，ECG 0.3%，CG 0.3%，GC 1.3%，EGC 0.1%，C 2.4%，EC 0.1%。

叶肉组织特征：

栅栏组织厚（μm）	40.00	角质层厚（μm）	5.89
栅栏组织层数	1	下表皮厚（μm）	13.33
海绵组织厚（μm）	106.67	上表皮厚（μm）	20.00
栅栏系数	0.37	全叶厚（μm）	180.00

南昆山毛叶茶古树59号

Camellia sinensis var. *ptilophylla* Chang cv. *Nankunshan Maoyecha* No. 59

地理环境： 海拔754 m，坡度40.8°。

形态特征： 树高4.1 m，胸径10.1 cm，冠幅1.6 m，乔木型，树姿直立；叶片披针形，长17.7 cm，宽5.4 cm，深绿色，叶面平，叶身稍背卷，质地中，叶齿钝中浅，叶基楔形，叶尖渐尖，叶脉9对，叶缘平。芽叶绿色，茸毛密。

生化特性： 一芽二叶蒸青样含水浸出物43.0%，可溶性糖4.5%，茶多酚27.6%，可可碱5.2%，咖啡碱0.0%，茶氨酸0.6%，EGCG 1.5%，GCG 7.1%，ECG 1.3%，CG 0.1%，GC 0.8%，EGC 0.9%，C 2.9%，EC 0.7%。

叶肉组织特征：

栅栏组织厚（μm）	38.40	角质层厚（μm）	3.20
栅栏组织层数	1	下表皮厚（μm）	17.60
海绵组织厚（μm）	115.20	上表皮厚（μm）	25.60
栅栏系数	0.33	全叶厚（μm）	196.80

南昆山毛叶茶古树60号

Camellia sinensis var. *ptilophylla* Chang cv. *Nankunshan Maoyecha* No. 60

地理环境：海拔754 m，坡度40.8°。

形态特征：树高4.1 m，胸径10.0 cm，冠幅1.3 m，乔木型，树姿直立；叶片椭圆形，长13.4 cm，宽5.3 cm，深绿色，叶面平，叶身稍背卷，质地中，叶齿钝中浅，叶基楔形，叶尖急尖，叶脉7对，叶缘平。芽叶淡绿色，茸毛密。

生化特性：一芽二叶蒸青样含水浸出物44.3%，可溶性糖4.4%，茶多酚21.9%，可可碱6.1%，咖啡碱0.0%，茶氨酸0.4%，EGCG 1.4%，GCG 8.7%，ECG 1.2%，CG 0.2%，GC 0.8%，EGC 0.9%，C 2.2%，EC 0.5%。

叶肉组织特征：

栅栏组织厚（μm）	34.29	角质层厚（μm）	2.51
栅栏组织层数	1	下表皮厚（μm）	6.86
海绵组织厚（μm）	102.86	上表皮厚（μm）	20.57
栅栏系数	0.33	全叶厚（μm）	164.57

南昆山毛叶茶古树61号

Camellia sinensis var. *ptilophylla* Chang cv. *Nankunshan Maoyecha* No. 61

地理环境： 海拔769 m，坡度36.8°。

形态特征： 树高4.3 m，胸径10.0 cm，冠幅1.8 m，乔木型，树姿直立，叶片椭圆形，长14.0 cm，宽6.0 cm，深绿色，叶面微隆，叶身平，质地中，叶齿锐密浅，叶基楔形，叶尖渐尖，叶脉9对，叶缘平。芽叶绿色，茸毛密。

生化特性： 一芽二叶蒸青样含水浸出物45.6%，可溶性糖3.4%，茶多酚21.8%，可可碱5.8%，咖啡碱0.0%，茶氨酸0.5%，EGCG 1.5%，GCG 7.8%，ECG 1.4%，CG 0.3%，GC 0.8%，EGC 0.9%，C 2.7%，EC 0.3%。

叶肉组织特征：

栅栏组织厚（μm）	41.29	角质层厚（μm）	3.87
栅栏组织层数	1	下表皮厚（μm）	10.32
海绵组织厚（μm）	113.55	上表皮厚（μm）	20.65
栅栏系数	0.36	全叶厚（μm）	185.81

南昆山毛叶茶古树62号

Camellia sinensis **var.** ***ptilophylla*** **Chang cv.** ***Nankunshan Maoyecha*** **No. 62**

地理环境：海拔770 m，坡度39.5°。

形态特征：树高2.2 m，胸径10.2 cm，冠幅2.4 m，乔木型，树姿直立；叶片长椭圆形，长17.0 cm，宽6.0 cm，深绿色，叶面平，叶身平，质地中，叶齿钝中浅，叶基楔形，叶尖渐尖，叶脉8对，叶缘波。芽叶紫绿色，茸毛密。

生化特性：一芽二叶蒸青样含水浸出物43.3%，可溶性糖3.5%，茶多酚24.0%，可可碱5.6%，咖啡碱0.0%，茶氨酸0.5%，EGCG 1.6%，GCG 7.2%，ECG 1.4%，CG 0.2%，GC 0.8%，EGC 1.0%，C 2.3%，EC 0.5%。

叶肉组织特征：

栅栏组织厚（μm）	31.63	角质层厚（μm）	5.07
栅栏组织层数	1	下表皮厚（μm）	14.88
海绵组织厚（μm）	106.05	上表皮厚（μm）	18.60
栅栏系数	0.30	全叶厚（μm）	171.16

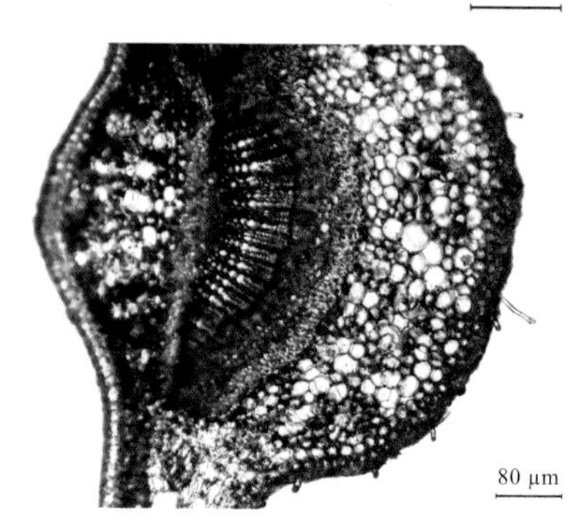

南昆山毛叶茶古树63号

Camellia sinensis var. *ptilophylla* Chang cv. *Nankunshan Maoyecha* No. 63

地理环境： 海拔771 m，坡度38.8°。

形态特征： 树高3.4 m，胸径10.2 cm，冠幅0.6 m，乔木型，树姿直立，叶片长椭圆形，长17.0 cm，宽6.0 cm，深绿色，叶面平，叶身平，质地硬，叶齿钝中浅，叶基楔形，叶尖渐尖，叶脉6对，叶缘平。芽叶绿色，茸毛密。

生化特性： 一芽二叶蒸青样含水浸出物41.9%，可溶性糖3.4%，茶多酚22.8%，可可碱5.5%，咖啡碱0.0%，茶氨酸0.3%，EGCG 1.3%，GCG 8.3%，ECG 1.2%，CG 0.1%，GC 1.1%，EGC 0.9%，C 2.6%，EC 0.4%。

叶肉组织特征：

栅栏组织厚（μm）	64.73	角质层厚（μm）	4.42
栅栏组织层数	1	下表皮厚（μm）	7.24
海绵组织厚（μm）	120.47	上表皮厚（μm）	18.21
栅栏系数	0.54	全叶厚（μm）	210.65

南昆山毛叶茶古树64号

Camellia sinensis var. *ptilophylla* Chang cv. *Nankunshan Maoyecha* No. 64

地理环境： 海拔775 m，坡度38.7°。

形态特征： 树高8.9 m，胸径12.1 cm，冠幅1.0 m，乔木型，树姿直立；叶片长椭圆形，长16.0 cm，宽6.0 cm，深绿色，叶面微隆，叶身内折，质地硬，叶齿中稀浅，叶基楔形，叶尖渐尖，叶脉6对，叶缘平。芽叶绿色，茸毛密。

生化特性： 一芽二叶蒸青样含水浸出物41.7%，可溶性糖3.8%，茶多酚23.8%，可可碱5.8%，咖啡碱0.0%，茶氨酸0.4%，EGCG 1.5%，GCG 8.4%，ECG 1.3%，CG 0.2%，GC 1.2%，EGC1.1%，C 2.5%，EC 0.4%。

叶肉组织特征：

栅栏组织厚（μm）	33.10	角质层厚（μm）	2.76
栅栏组织层数	1	下表皮厚（μm）	6.90
海绵组织厚（μm）	98.21	上表皮厚（μm）	22.07
栅栏系数	0.34	全叶厚（μm）	160.28

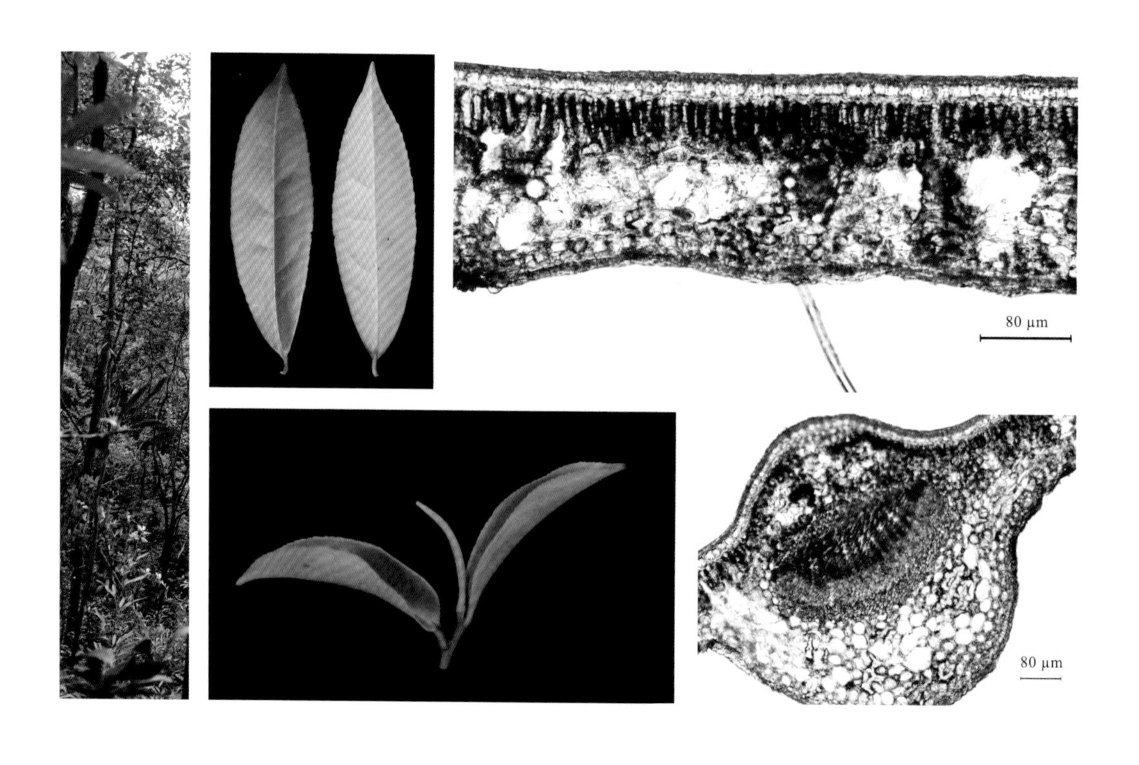

南昆山毛叶茶古树65号

***Camellia sinensis* var. *ptilophylla* Chang cv. *Nankunshan Maoyecha* No. 65**

地理环境：海拔749 m，坡度31.7°。

形态特征：树高6.3 m，胸径11.3 cm，冠幅1.4 m，乔木型，树姿直立；叶片长椭圆形，长13.2 cm，宽5.0 cm，深绿色，叶面微隆，叶身稍背卷，质地硬，叶齿锐中浅，叶基楔形，叶尖渐尖，叶脉10对，叶缘平。芽叶绿色，茸毛密。

生化特性：一芽二叶蒸青样含水浸出物42.0%，可溶性糖2.7%，茶多酚20.9%，可可碱5.8%，咖啡碱0.09%，茶氨酸0.7%，EGCG 1.2%，GCG 12.4%，ECG 0.2%，CG 0.2%，GC 1.3%，EGC 0.2%，C 3.1%，EC 0.2%。

叶肉组织特征：

栅栏组织厚（μm）	28.39	角质层厚（μm）	4.30
栅栏组织层数	1	下表皮厚（μm）	7.74
海绵组织厚（μm）	100.65	上表皮厚（μm）	18.07
栅栏系数	0.28	全叶厚（μm）	154.84

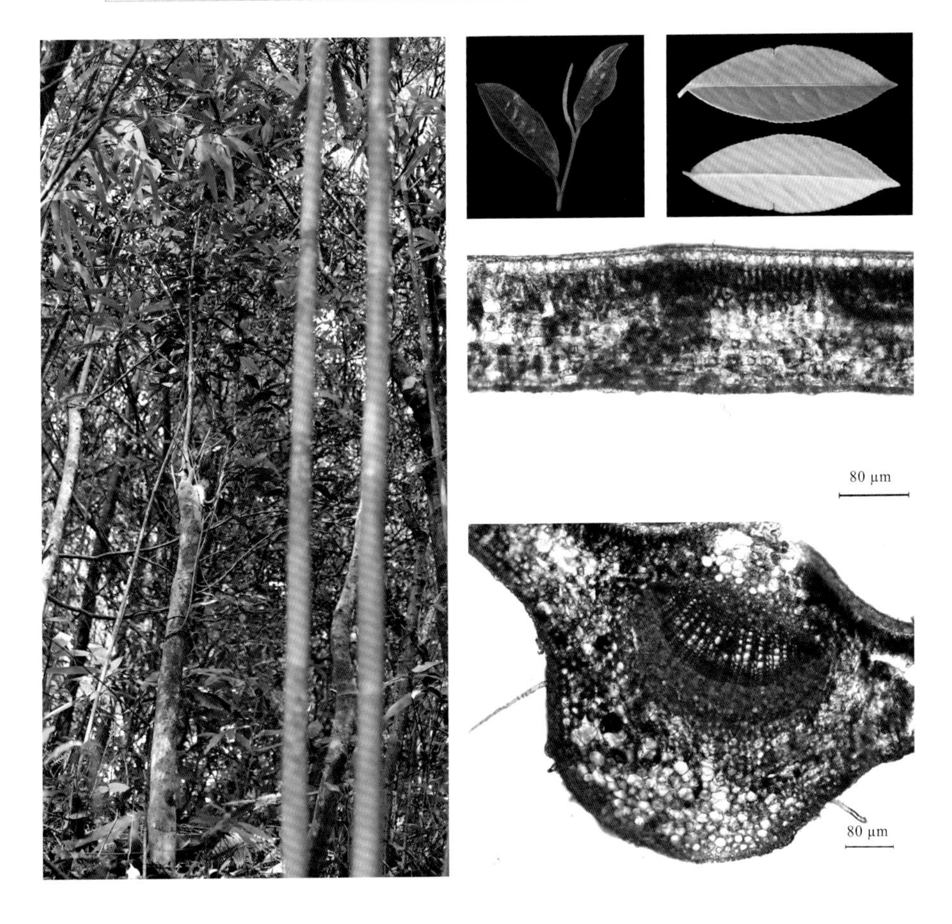

南昆山毛叶茶古树66号

Camellia sinensis var. *ptilophylla* Chang cv. *Nankunshan Maoyecha* No. 66

地理环境： 海拔671 m，坡度33.7°。

形态特征： 树高2.3 m，胸径14.0 cm，冠幅1.4 m，乔木型，树姿直立；叶片长椭圆形，长14.7 cm，宽6.3 cm，深绿色，叶面微隆，叶身平，质地中，叶齿锐密中，叶基楔形，叶尖渐尖，叶脉9对，叶缘微波。芽叶绿色，茸毛密。

生化特性： 一芽二叶蒸青样含水浸出物39.0%，可溶性糖4.3%，茶多酚23.4%，可可碱4.0%，咖啡碱0.0%，茶氨酸0.5%，EGCG 1.3%，GCG 5.6%，ECG 1.8%，CG 0.2%，GC 2.9%，EGC 1.1%，C 3.6%，EC 0.6%。

叶肉组织特征：

栅栏组织厚（μm）	60.72	角质层厚（μm）	2.34
栅栏组织层数	1	下表皮厚（μm）	9.67
海绵组织厚（μm）	120.33	上表皮厚（μm）	20.27
栅栏系数	0.50	全叶厚（μm）	210.99

南昆山毛叶茶古树67号

Camellia sinensis var. *ptilophylla* Chang cv. *Nankunshan Maoyecha* No. 67

地理环境： 海拔704 m，坡度30.5°。

形态特征： 树高4.2 m，胸径18.0 cm，冠幅1.4 m，乔木型，树姿直立；叶片椭圆形，长14.4 cm，宽5.7 cm，深绿色，叶面平，叶身平，质地中，叶齿中中浅，叶基楔形，叶尖急尖，叶脉10对，叶缘微波。芽叶绿色，茸毛密。

生化特性： 一芽二叶蒸青样含水浸出物41.3%，可溶性糖4.1%，茶多酚19.8%，可可碱6.1%，咖啡碱0.0%，茶氨酸0.5%，EGCG 1.0%，GCG 11.1%，ECG 0.3%，CG 0.2%，GC 1.3%，EGC 0.1%，C 2.3%，EC 0.1%。

叶肉组织特征：

栅栏组织厚（μm）	30.35	角质层厚（μm）	2.76
栅栏组织层数	1	下表皮厚（μm）	6.90
海绵组织厚（μm）	135.17	上表皮厚（μm）	19.31
栅栏系数	0.22	全叶厚（μm）	191.72

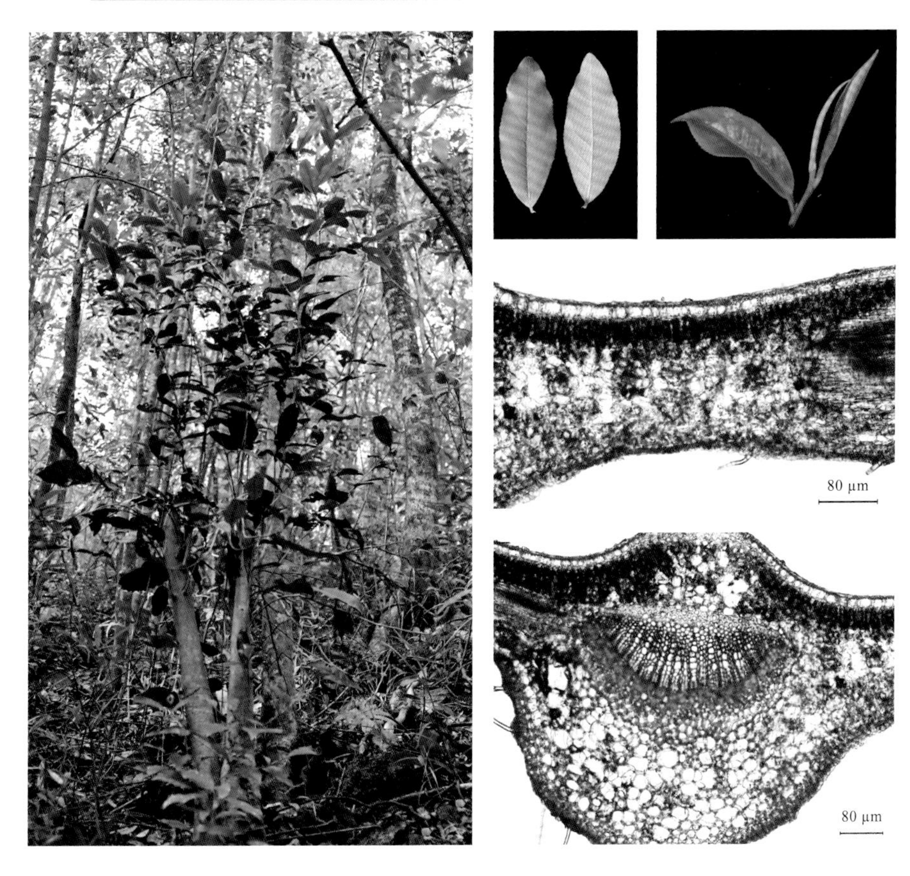

南昆山毛叶茶古树68号

Camellia sinensis var. *ptilophylla* Chang cv. *Nankunshan Maoyecha* No. 68

地理环境：海拔704 m，坡度30.5°。

形态特征：树高5.6 m，胸径13.0 cm，冠幅2.1 m，乔木型，树姿直立；叶片长椭圆形，长19.7 cm，宽7.0 cm，绿色，叶面平，叶身稍背卷，质地中，叶齿锐密浅，叶基楔形，叶尖渐尖，叶脉9对，叶缘平；芽叶紫绿色，茸毛密。

生化特性：一芽二叶蒸青样含水浸出物39.3%，可溶性糖3.7%，茶多酚18.4%，可可碱6.8%，咖啡碱0.1%，茶氨酸0.2%，EGCG 1.1%，GCG 12.9%，ECG 0.2%，CG 0.2%，GC 1.5%，EGC 0.1%，C 2.4%，EC 0.1%。

叶肉组织特征：

栅栏组织厚（μm）	28.39	角质层厚（μm）	2.58
栅栏组织层数	1	下表皮厚（μm）	6.45
海绵组织厚（μm）	105.81	上表皮厚（μm）	14.19
栅栏系数	0.27	全叶厚（μm）	154.84

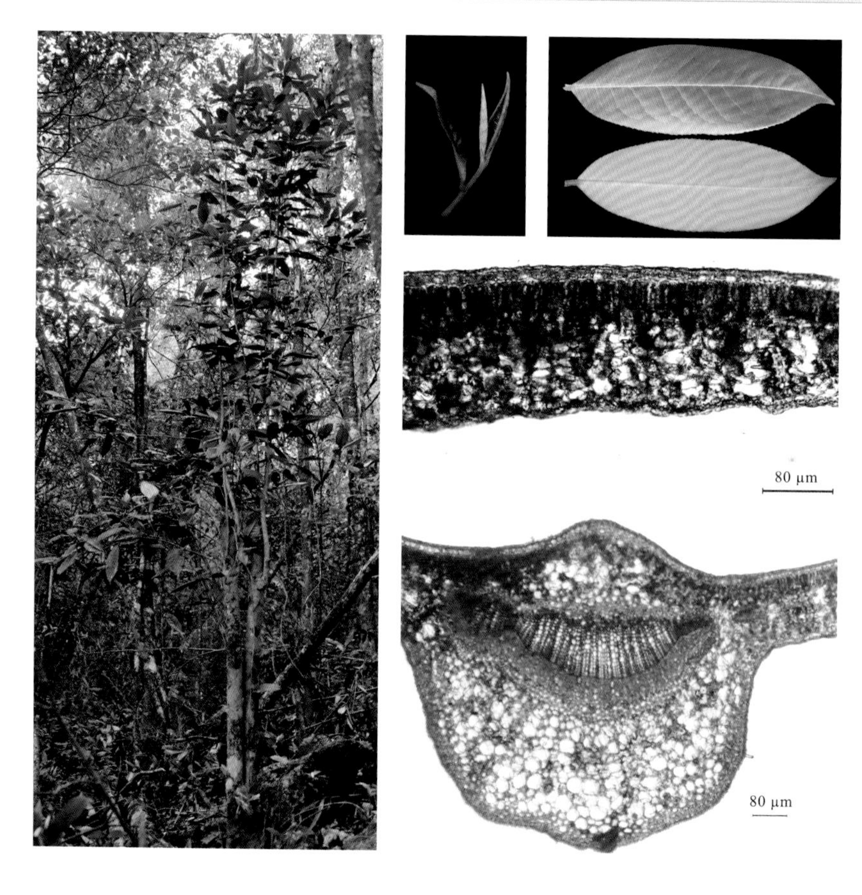

南昆山毛叶茶古树69号

Camellia sinensis var. *ptilophylla* Chang cv. *Nankunshan Maoyecha* No. 69

地理环境：海拔747 m，坡度13.1°。

形态特征：树高3.8 m，胸径10.8 cm，冠幅1.4 m，乔木型，树姿直立；叶片披针形，长18.0 cm，宽5.8 cm，绿色，叶面平，叶身内折，质地软，叶齿锐密中，叶基楔形，叶尖渐尖，叶脉10对，叶缘平。芽叶绿色，茸毛密。

生化特性：一芽二叶蒸青样含水浸出物44.1%，可溶性糖4.3%，茶多酚19.5%，可可碱5.8%，咖啡碱0.03%，茶氨酸0.5%，EGCG 1.1%，GCG 11.2%，ECG 0.2%，CG 0.3%，GC 0.8%，EGC 0.1%，C 2.2%，EC 0.2%。

叶肉组织特征：

栅栏组织厚（μm）	29.33	角质层厚（μm）	4.80
栅栏组织层数	1	下表皮厚（μm）	10.67
海绵组织厚（μm）	112.00	上表皮厚（μm）	25.33
栅栏系数	0.26	全叶厚（μm）	177.33

南昆山毛叶茶古树70号

Camellia sinensis var. *ptilophylla* Chang cv. *Nankunshan Maoyecha* No. 70

地理环境： 海拔733 m，坡度32.1°。

形态特征： 树高6.5 m，胸径10.2 cm，冠幅2.4 m，乔木型，树姿直立；叶片长椭圆形，长15.4 cm，宽5.2 cm，绿色，叶面微隆，叶身平，质地中，叶齿中密浅，叶基楔形，叶尖渐尖，叶脉9对，叶缘平。芽叶绿色，茸毛密。

生化特性： 一芽二叶蒸青样含水浸出物45.6%，可溶性糖3.4%，茶多酚19.8%，可可碱5.7%，咖啡碱0.0%，茶氨酸0.2%，EGCG 0.9%，GCG 11.0%，ECG 0.2%，CG 0.3%，GC 1.2%，EGC 0.1%，C 1.9%，EC 0.2%。

叶肉组织特征：

栅栏组织厚（μm）	36.12	角质层厚（μm）	2.12
栅栏组织层数	1	下表皮厚（μm）	6.54
海绵组织厚（μm）	100.44	上表皮厚（μm）	14.55
栅栏系数	0.36	全叶厚（μm）	157.65

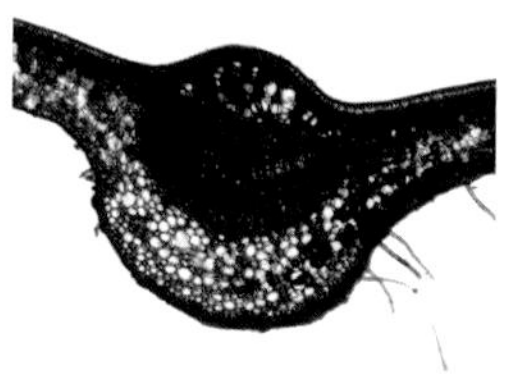

南昆山毛叶茶古树71号

Camellia sinensis var. *ptilophylla* Chang cv. *Nankunshan Maoyecha* No. 71

地理环境：海拔726 m，坡度22.7°。

形态特征：树高5.1 m，胸径18.2 cm，冠幅2.6 m，乔木型，树姿直立；叶片披针形，长16.2 cm，宽5.0 cm，绿色，叶面平，叶身平，质地硬，叶齿锐密中，叶基楔形，叶尖渐尖，叶脉12对，叶缘平。芽叶紫绿色，茸毛密。

生化特性：一芽二叶蒸青样含水浸出物41.2%，可溶性糖5.5%，茶多酚19.7%，可可碱6.1%，咖啡碱0.06%，茶氨酸0.2%，EGCG 1.0%，GCG 10.1%，ECG 0.2%，CG 0.2%，GC 0.7%，EGC 0.1%，C 1.9%，EC 0.2%。

叶肉组织特征：

栅栏组织厚（μm）	32.00	角质层厚（μm）	3.20
栅栏组织层数	1	下表皮厚（μm）	11.20
海绵组织厚（μm）	112.00	上表皮厚（μm）	16.00
栅栏系数	0.29	全叶厚（μm）	171.20

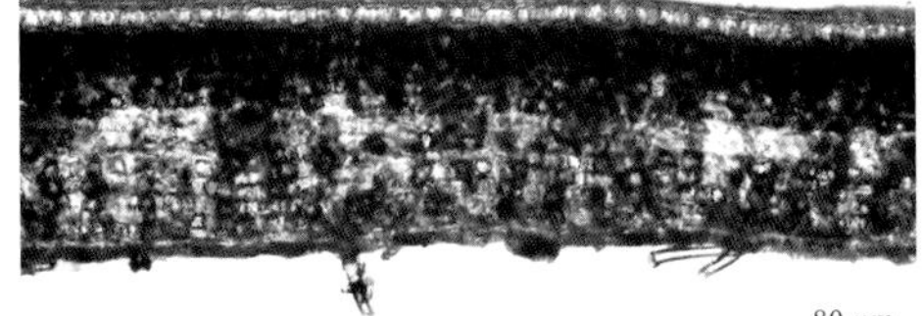

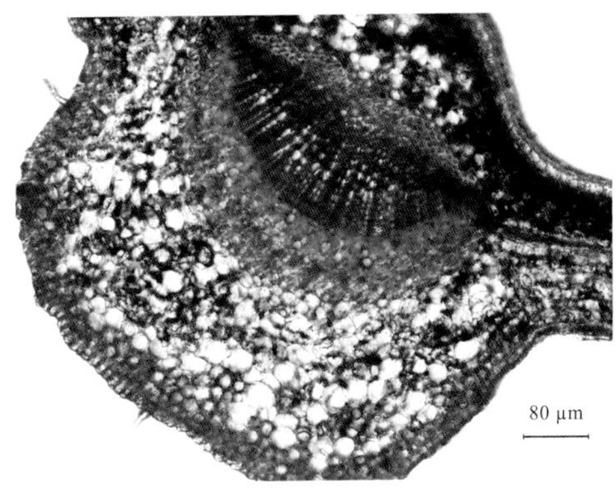

南昆山毛叶茶古树72号

Camellia sinensis var. *ptilophylla* Chang cv. *Nankunshan Maoyecha* No. 72

地理环境：海拔680 m，坡度28.3°。

形态特征：树高2.0 m，胸径21.2 cm，冠幅1.8 m，乔木型，树姿直立；叶片长椭圆形，长16.2 cm，宽6.2 cm，绿色，叶面平，叶身稍背卷，质地中，叶齿中中浅，叶基楔形，叶尖渐尖，叶脉10对，叶缘微波。芽叶绿色，茸毛密。

生化特性：一芽二叶蒸青样含水浸出物42.0%，可溶性糖4.2%，茶多酚21.2%，可可碱5.7%，咖啡碱0.0%，茶氨酸0.4%，EGCG 1.5%，GCG 7.7%，ECG 1.6%，CG 0.1%，GC 0.9%，EGC 0.9%，C 2.8%，EC 0.5%。

叶肉组织特征：

栅栏组织厚（μm）	51.11	角质层厚（μm）	4.44
栅栏组织层数	1	下表皮厚（μm）	7.22
海绵组织厚（μm）	152.22	上表皮厚（μm）	28.11
栅栏系数	0.34	全叶厚（μm）	238.66

南昆山毛叶茶古树73号

Camellia sinensis var. *ptilophylla* Chang cv. *Nankunshan Maoyecha* No. 73

地理环境： 海拔718 m，坡度30.3°。

形态特征： 树高3.2 m，胸径22.3 cm，冠幅2.1 m，乔木型，树姿直立；叶片椭圆形，长11.0 cm，宽5.1 cm，深绿色，叶面微隆，叶身平，质地硬，叶齿锐中浅，叶基楔形，叶尖渐尖，叶脉9对，叶缘平。芽叶紫绿色，茸毛密。

生化特性： 一芽二叶蒸青样含水浸出物43.0%，可溶性糖4.1%，茶多酚23.5%，可可碱5.3%，咖啡碱0.0%，茶氨酸0.5%，EGCG 1.4%，GCG 5.9%，ECG 0.8%，CG 0.1%，GC 0.8%，EGC 0.9%，C 1.8%，EC 0.4%。

叶肉组织特征：

栅栏组织厚（μm）	38.00	角质层厚（μm）	3.33
栅栏组织层数	1	下表皮厚（μm）	19.00
海绵组织厚（μm）	104.51	上表皮厚（μm）	28.50
栅栏系数	0.36	全叶厚（μm）	190.02

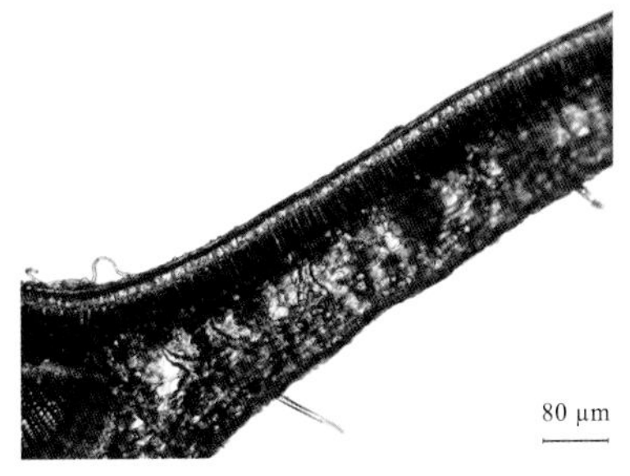

南昆山毛叶茶古树74号

Camellia sinensis var. *ptilophylla* Chang cv. *Nankunshan Maoyecha* No. 74

地理环境： 海拔718 m，坡度30.3°。

形态特征： 树高6.4 m，胸径12.4 cm，冠幅3.2 m，乔木型，树姿直立；叶片长椭圆形，长14.0 cm，宽5.8 cm，绿色，叶面平，叶身内折，质地硬，叶齿锐密中，叶基楔形，叶尖渐尖，叶脉10对，叶缘平。芽叶绿色，茸毛密；花瓣白色，花冠直径3.8 cm，子房茸毛多，雌雄蕊等高，花柱3裂，分裂位置高。

生化特性： 一芽二叶蒸青样含水浸出物39.6%，可溶性糖4.6%，茶多酚20.2%，可可碱4.2%，咖啡碱0.0%，茶氨酸0.2%，EGCG 0.7%，GCG 7.2%，ECG 0.3%，CG 0.2%，GC 0.7%，EGC 0.1%，C 1.2%，EC 0.2%。

叶肉组织特征：

栅栏组织厚（μm）	44.44	角质层厚（μm）	3.63
栅栏组织层数	1	下表皮厚（μm）	8.55
海绵组织厚（μm）	100.21	上表皮厚（μm）	20.33
栅栏系数	0.44	全叶厚（μm）	173.53

南昆山毛叶茶古树75号

Camellia sinensis var. *ptilophylla* Chang cv. *Nankunshan Maoyecha* No. 75

地理环境：海拔718 m，坡度30.3°。

形态特征：树高5.6 m，胸径10.8 cm，冠幅2.8 m，乔木型，树姿直立；叶片披针形，长15.3 cm，宽4.4 cm，绿色，叶面平，叶身内折，质地中，叶齿钝中浅，叶基楔形，叶尖渐尖，叶脉9对，叶缘微波；芽叶紫绿色，茸毛密。

生化特性：一芽二叶蒸青样含水浸出物37.3%，可溶性糖3.9%，茶多酚18.9%，可可碱4.0%，咖啡碱0.05%，茶氨酸0.4%，EGCG 0.8%，GCG 11.0%，ECG 0.2%，CG 0.2%，GC 0.8%，EGC 0.2%，C 2.4%，EC 0.1%。

叶肉组织特征：

栅栏组织厚（μm）	60.32	角质层厚（μm）	4.21
栅栏组织层数	1	下表皮厚（μm）	10.21
海绵组织厚（μm）	120.27	上表皮厚（μm）	24.75
栅栏系数	0.50	全叶厚（μm）	215.55

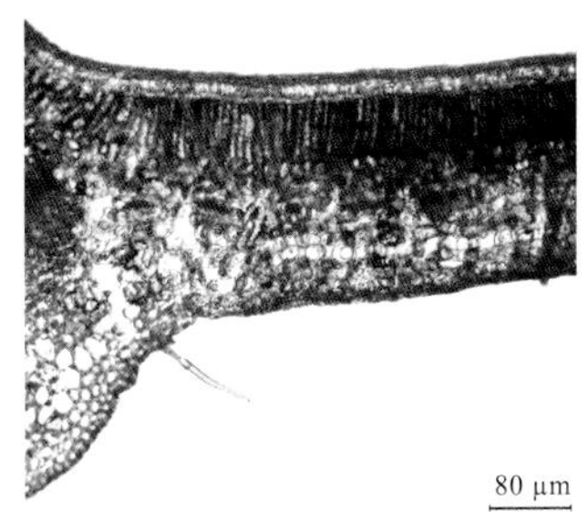

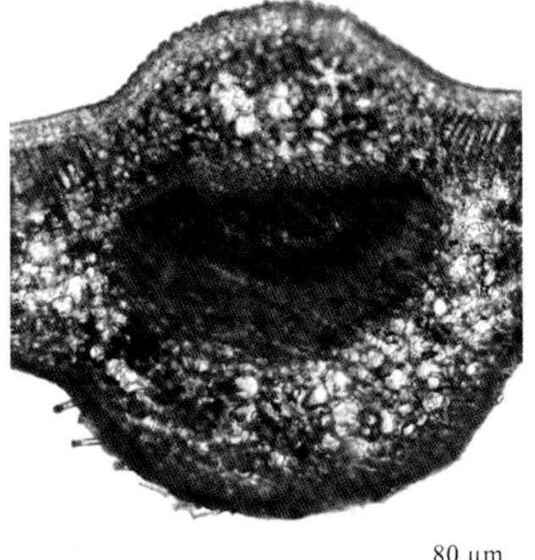

南昆山毛叶茶古树76号

Camellia sinensis var. *ptilophylla* Chang cv. *Nankunshan Maoyecha* No. 76

地理环境：海拔718 m，坡度30.3°。

形态特征：树高7.6 m，胸径14.2 cm，冠幅2.0 m，乔木型，树姿直立；叶片披针形，长12.6 cm，宽4.2 cm，绿色，叶面平，叶身内折，质地硬，叶齿锐密中，叶基楔形，叶尖急尖，叶脉10对，叶缘微波。芽叶紫绿色，茸毛密。

生化特性：一芽二叶蒸青样含水浸出物39.6%，可溶性糖3.9%，茶多酚24.3%，可可碱4.9%，咖啡碱0.0%，茶氨酸0.5%，EGCG 1.6%，GCG 7.1%，ECG 1.7%，CG 0.2%，GC 0.7%，EGC 0.7%，C 2.7%，EC 0.5%。

叶肉组织特征：

栅栏组织厚（μm）	49.14	角质层厚（μm）	3.95
栅栏组织层数	1	下表皮厚（μm）	20.57
海绵组织厚（μm）	109.71	上表皮厚（μm）	33.14
栅栏系数	0.45	全叶厚（μm）	212.57

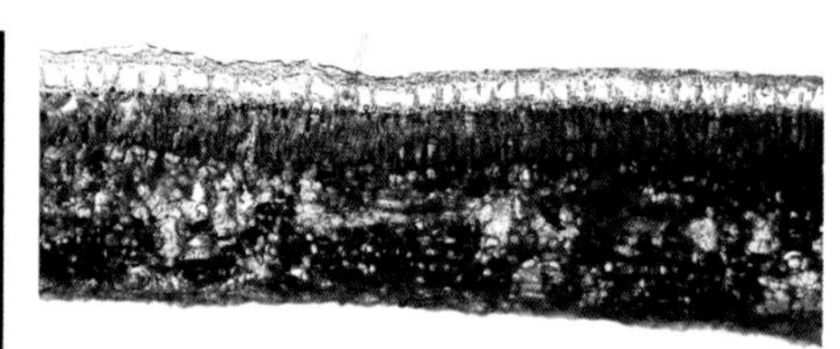

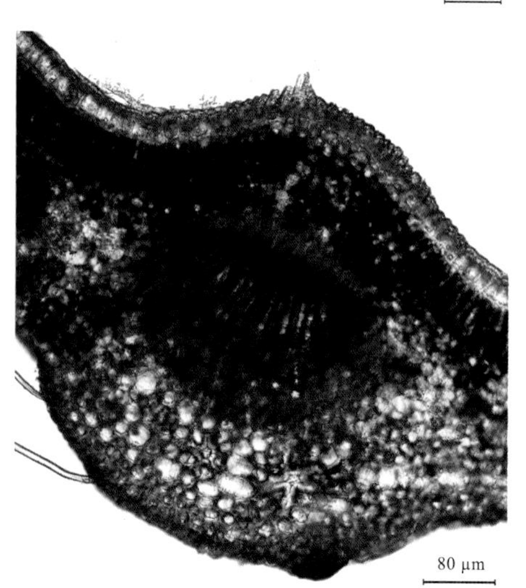

南昆山毛叶茶古树77号

Camellia sinensis var. *ptilophylla* Chang cv. *Nankunshan Maoyecha* No. 77

地理环境：海拔718 m，坡度30.3°。

形态特征：树高3.2 m，胸径13.7 cm，冠幅2.3 m，乔木型，树姿直立；叶片长椭圆形，长13.9 cm，宽4.7 cm，深绿色，叶面平，叶身稍背卷，质地硬，叶齿中密中，叶基楔形，叶尖急尖，叶脉8对，叶缘微波。芽叶绿色，茸毛密；果3裂，直径3.0 cm。

生化特性：一芽二叶蒸青样含水浸出物40.3%，可溶性糖3.9%，茶多酚20.9%，可可碱6.2%，咖啡碱0.0%，茶氨酸0.5%，EGCG 2.2%，GCG 8.5%，ECG 0.5%，CG 0.1%，GC 0.9%，EGC 0.7%，C 2.7%，EC 0.5%。

叶肉组织特征：

栅栏组织厚（μm）	55.91	角质层厚（μm）	4.19
栅栏组织层数	1	下表皮厚（μm）	10.32
海绵组织厚（μm）	116.99	上表皮厚（μm）	24.95
栅栏系数	0.48	全叶厚（μm）	208.17

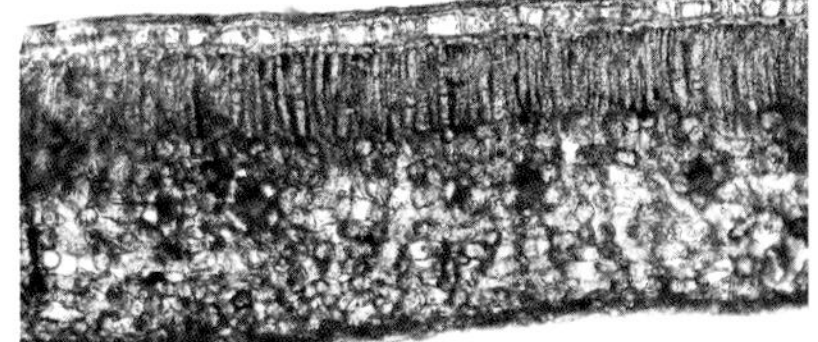

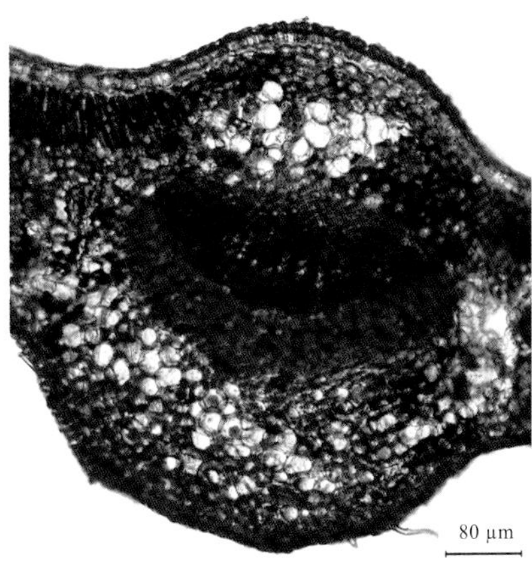

南昆山毛叶茶古树78号

Camellia sinensis var. *ptilophylla* Chang cv. *Nankunshan Maoyecha* No. 78

地理环境：海拔708 m，坡度31.2°。

形态特征：树高3.1 m，胸径17.2 cm，冠幅1.9 m，乔木型，树姿直立；叶片椭圆形，长15.4 cm，宽6.0 cm，绿色，叶面微隆，叶身平，质地中，叶齿锐中浅，叶基楔形，叶尖渐尖，叶脉7对，叶缘平。芽叶紫绿色，茸毛密；花瓣白色，花冠直径3.2 cm，子房茸毛多，雌雄蕊等高，花柱3裂，分裂位置高。果3裂，直径3.0 cm。

生化特性：一芽二叶蒸青样含水浸出物42.0%，可溶性糖3.4%，茶多酚21.7%，可可碱4.3%，咖啡碱0.06%，茶氨酸0.6%，EGCG 0.7%，GCG 9.4%，ECG 0.2%，CG 0.1%，GC 1.0%，EGC 0.1%，C 2.3%，EC 0.2%。

叶肉组织特征：

栅栏组织厚（μm）	43.81	角质层厚（μm）	4.66
栅栏组织层数	1	下表皮厚（μm）	9.52
海绵组织厚（μm）	112.38	上表皮厚（μm）	17.14
栅栏系数	0.39	全叶厚（μm）	182.86

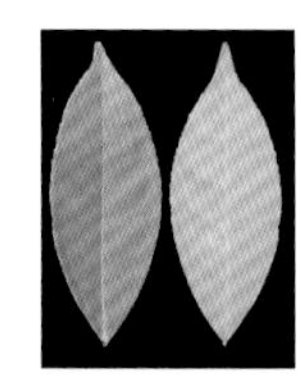

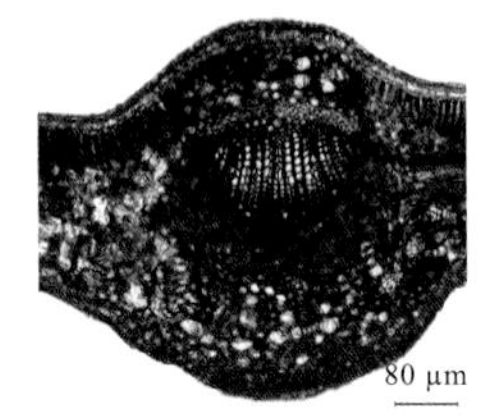

南昆山毛叶茶古树79号

Camellia sinensis var. *ptilophylla* Chang cv. *Nankunshan Maoyecha* No. 79

地理环境： 海拔708 m，坡度31.2°。

形态特征： 树高4.6 m，胸径15.6 cm，冠幅1.8 m，乔木型，树姿直立；叶片披针形，长14.6 cm，宽4.4 cm，深绿色，叶面平，叶身内折，质地中，叶齿锐中浅，叶基楔形，叶尖渐尖，叶脉10对，叶缘平。芽叶紫绿色，茸毛密；果3裂，直径2.5 cm。

生化特性： 一芽二叶蒸青样含水浸出物41.0%，可溶性糖3.9%，茶多酚21.7%，可可碱4.1%，咖啡碱0.06%，茶氨酸0.1%，EGCG 0.8%，GCG 10.1%，ECG 0.3%，CG 0.1%，GC 0.9%，EGC 0.1%，C 1.5%，EC 0.2%。

叶肉组织特征：

栅栏组织厚（μm）	54.63	角质层厚（μm）	4.57
栅栏组织层数	1	下表皮厚（μm）	15.61
海绵组织厚（μm）	105.37	上表皮厚（μm）	23.41
栅栏系数	0.52	全叶厚（μm）	199.02

南昆山毛叶茶古树80号

Camellia sinensis var. *ptilophylla* Chang cv. *Nankunshan Maoyecha* No. 80

地理环境： 海拔682 m，坡度31.2°。

形态特征： 树高5.6 m，胸径13.1 cm，冠幅2.3 m，乔木型，树姿直立；叶片长椭圆形，长15.3 cm，宽5.5 cm，深绿色，叶面平，叶身稍背卷，质地硬，叶齿锐密浅，叶基楔形，叶尖渐尖，叶脉7对，叶缘平；芽叶绿色，茸毛密。果3裂，直径2.3 cm。

生化特性： 一芽二叶蒸青样含水浸出物42.9%，可溶性糖3.8%，茶多酚19.4%，可可碱3.8%，咖啡碱0.0%，茶氨酸0.2%，EGCG 1.1%，GCG 12.0%，ECG 0.2%，CG 0.2%，GC 0.7%，EGC 0.1%，C 2.3%，EC 0.1%。

叶肉组织特征：

栅栏组织厚（μm）	33.55	角质层厚（μm）	1.93
栅栏组织层数	1	下表皮厚（μm）	12.90
海绵组织厚（μm）	123.87	上表皮厚（μm）	20.65
栅栏系数	0.27	全叶厚（μm）	190.97

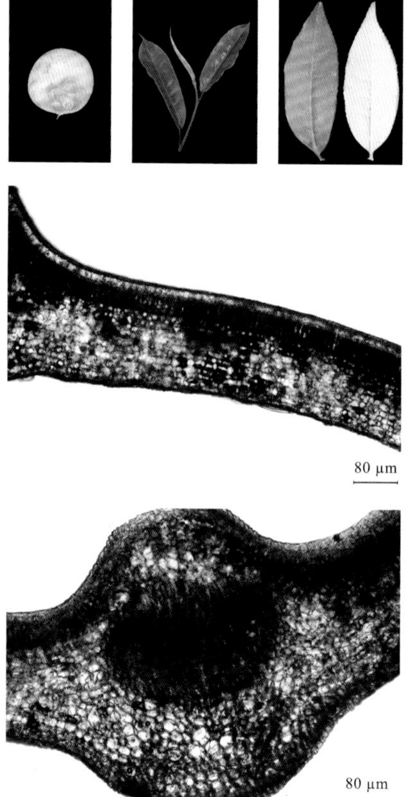

南昆山毛叶茶古树81号

Camellia sinensis var. *ptilophylla* Chang cv. *Nankunshan Maoyecha* No. 81

地理环境：海拔655 m，坡度26.5°。

形态特征：树高6.2 m，胸径14.3 cm，冠幅3.8 m，乔木型，树姿直立；叶片椭圆形，长14.4 cm，宽6.1 cm，深绿色，叶面平，叶身平，质地中，叶齿中中浅，叶基楔形，叶尖渐尖，叶脉10对，叶缘微波。芽叶黄绿色，茸毛密。

生化特性：一芽二叶蒸青样含水浸出物40.3%，可溶性糖3.8%，茶多酚20.7%，可可碱5.1%，咖啡碱0.07%，茶氨酸0.1%，EGCG 0.9%，GCG 11.5%，ECG 0.2%，CG 0.3%，GC 0.9%，EGC 0.1%，C 2.2%，EC 0.2%。

叶肉组织特征：

栅栏组织厚（μm）	40.98	角质层厚（μm）	4.00
栅栏组织层数	1	下表皮厚（μm）	19.51
海绵组织厚（μm）	146.34	上表皮厚（μm）	35.12
栅栏系数	0.28	全叶厚（μm）	241.95

南昆山毛叶茶古树82号

Camellia sinensis var. *ptilophylla* Chang cv. *Nankunshan Maoyecha* No. 82

地理环境：海拔654 m，坡度32.0°。

形态特征：树高8.2 m，胸径10.2 cm，冠幅3.0 m，乔木型，树姿直立；叶片披针形，长16.2 cm，宽4.1 cm，绿色，叶面平，叶身内折，质地中，叶齿锐中浅，叶基楔形，叶尖急尖，叶脉10对，叶缘波。芽叶绿色，茸毛密。

生化特性：一芽二叶蒸青样含水浸出物35.6%，可溶性糖3.8%，茶多酚26.9%，可可碱4.6%，咖啡碱0.0%，茶氨酸0.5%，EGCG 1.3%，GCG 6.7%，ECG 1.6%，CG 0.1%，GC 0.8%，EGC 0.6%，C 3.0%，EC 0.4%。

叶肉组织特征：

栅栏组织厚（μm）	74.43	角质层厚（μm）	3.67
栅栏组织层数	1	下表皮厚（μm）	8.83
海绵组织厚（μm）	129.23	上表皮厚（μm）	24.32
栅栏系数	0.58	全叶厚（μm）	236.81

南昆山毛叶茶古树83号

Camellia sinensis var. *ptilophylla* Chang cv. *Nankunshan Maoyecha* No. 83

地理环境： 海拔655 m，坡度39.5°。

形态特征： 树高4.5 m，胸径17.5 cm，冠幅2.3 m，乔木型，树姿直立；叶片披针形，长19.7 cm，宽5.8 cm，深绿色，叶面平，叶身平，质地软，叶齿中密浅，叶基楔形，叶尖渐尖，叶脉9对，叶缘平；芽叶绿色，茸毛密。

生化特性： 一芽二叶蒸青样含水浸出物41.0%，可溶性糖2.9%，茶多酚21.2%，可可碱4.4%，咖啡碱0.0%，茶氨酸0.2%，EGCG 0.8%，GCG 9.7%，ECG 0.2%，CG 0.2%，GC 0.9%，EGC 0.1%，C 1.8%，EC 0.1%。

叶肉组织特征：

栅栏组织厚（μm）	33.26	角质层厚（μm）	4.44
栅栏组织层数	1	下表皮厚（μm）	16.18
海绵组织厚（μm）	111.46	上表皮厚（μm）	18.88
栅栏系数	0.30	全叶厚（μm）	179.78

南昆山毛叶茶古树84号

Camellia sinensis var. *ptilophylla* Chang cv. *Nankunshan Maoyecha* No. 84

地理环境：海拔655 m，坡度39.5°。

形态特征：树高4.2 m，胸径14.3 cm，冠幅1.8 m，乔木型，树姿直立；叶片披针形，长16.5 cm，宽5.0 cm，深绿色，叶面微隆，叶身平，质地硬，叶齿中中浅，叶基楔形，叶尖急尖，叶脉11对，叶缘平。芽叶绿色，茸毛密。

生化特性：一芽二叶蒸青样含水浸出物38.1%，可溶性糖5.3，茶多酚20.3%，可可碱5.0%，咖啡碱0.0%，茶氨酸0.2%，EGCG 0.7%，GCG 11.1%，ECG 0.2%，CG 0.2%，GC 0.6%，EGC 0.1%，C 1.6%，EC 0.1%。

叶肉组织特征：

栅栏组织厚（μm）	29.27	角质层厚（μm）	3.44
栅栏组织层数	1	下表皮厚（μm）	13.66
海绵组织厚（μm）	113.17	上表皮厚（μm）	19.51
栅栏系数	0.26	全叶厚（μm）	175.61

南昆山毛叶茶古树85号

Camellia sinensis var. *ptilophylla* Chang cv. *Nankunshan Maoyecha* No. 85

地理环境：海拔655 m，坡度39.5°。

形态特征：树高4.1 m，胸径14.6 cm，冠幅2.6 m，乔木型，树姿直立；叶片长椭圆形，长21.5 cm，宽7.2 cm，深绿色，叶面平，叶身平，质地中，叶齿中中浅，叶基楔形，叶尖渐尖，叶脉11对，叶缘平。芽叶紫绿色，茸毛密。

生化特性：一芽二叶蒸青样含水浸出物46.9%，可溶性糖3.2%，茶多酚18.6%，可可碱5.8%，咖啡碱0.0%，茶氨酸0.4%，EGCG 0.9%，GCG 10.8%，ECG 0.2%，CG 0.3%，GC 0.7%，EGC 0.1%，C 2.5%，EC 0.1%。

叶肉组织特征：

栅栏组织厚（μm）	36.13	角质层厚（μm）	2.90
栅栏组织层数	1	下表皮厚（μm）	15.48
海绵组织厚（μm）	105.81	上表皮厚（μm）	23.23
栅栏系数	0.34	全叶厚（μm）	180.65

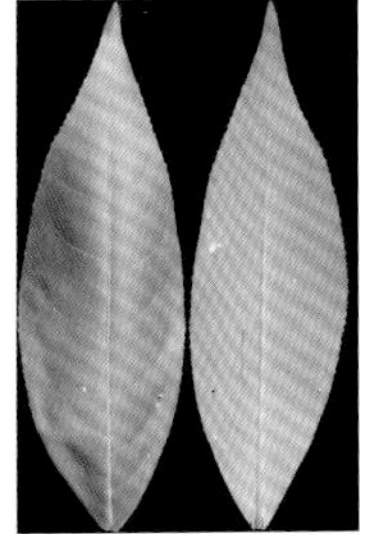

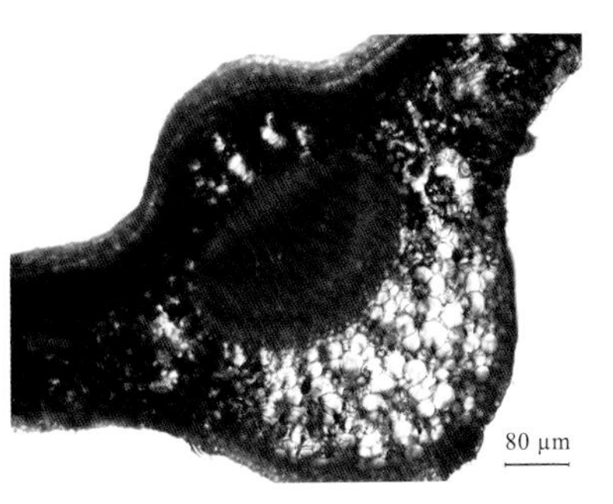

南昆山毛叶茶古树86号

Camellia sinensis var. *ptilophylla* Chang cv. *Nankunshan Maoyecha* No. 86

地理环境：海拔450 m，坡度29.5°。

形态特征：树高3.7 m，胸径20.0 cm，冠幅3.1 m，乔木型，树姿直立；叶片长椭圆形，长10.4 cm，宽4 cm，绿色，叶面平，叶身内折，质地中，叶齿中密浅，叶基楔形，叶尖渐尖，叶脉9对，叶缘平。芽叶黄绿色，茸毛密；花瓣白色，花冠直径3.1 cm，子房茸毛少，雌雄蕊等高，花柱3裂，分裂位置高。果3裂，直径2.0 cm。

生化特性：一芽二叶蒸青样含水浸出物42.9%，可溶性糖4.7%，茶多酚18.1%，可可碱5.8%，咖啡碱0.0%，茶氨酸0.4%，EGCG 0.7%，GCG 7.9%，ECG 0.2%，CG 0.2%，GC 0.9%，EGC 0.2%，C 2.1%，EC 0.2%。

叶肉组织特征：

栅栏组织厚（μm）	48.03	角质层厚（μm）	4.25
栅栏组织层数	1	下表皮厚（μm）	15.72
海绵组织厚（μm）	97.82	上表皮厚（μm）	21.83
栅栏系数	0.49	全叶厚（μm）	183.41

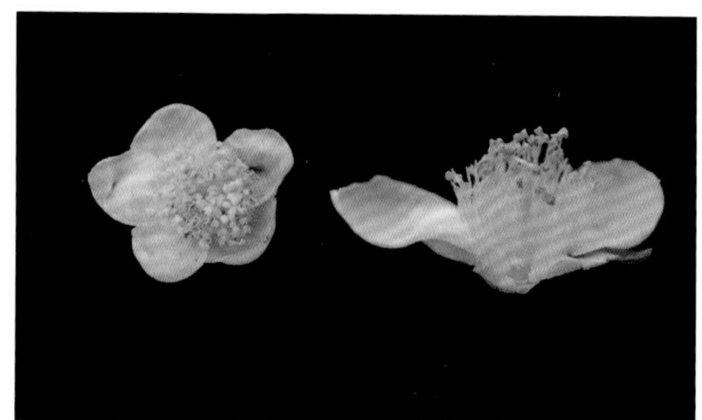

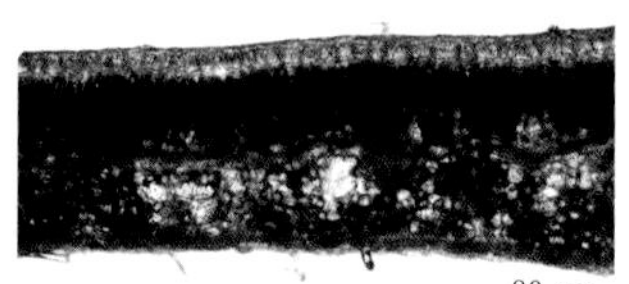

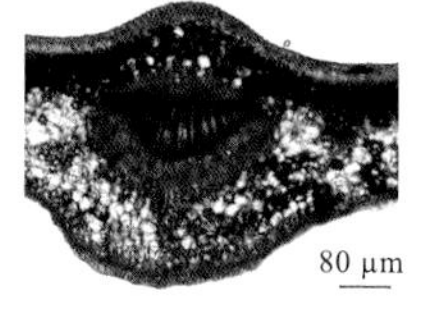

南昆山毛叶茶古树87号

Camellia sinensis var. *ptilophylla* Chang cv. *Nankunshan Maoyecha* No. 87

地理环境：海拔450 m，坡度29.5°。

形态特征：树高3.8 m，胸径16.4 cm，冠幅3.6 m，小乔木型，树姿半开张；叶片长椭圆形，长15.0 cm，宽6.4 cm，绿色，叶面微隆，叶身稍背卷，质地中，叶齿钝中浅，叶基楔形，叶尖渐尖，叶脉9对，叶缘微波。芽叶绿色，茸毛密；花瓣白色，花冠直径3.4 cm，子房茸毛多，雌雄蕊等高，花柱3裂，分裂位置中。果3裂，直径3.3 cm。

生化特性：一芽二叶蒸青样含水浸出物42.6%，可溶性糖5.5%，茶多酚19.7%，可可碱4.7%，咖啡碱0.0%，茶氨酸0.1%，EGCG 1.8%，GCG 9.1%，ECG 1.1%，CG 0.1%，GC 1.2%，EGC 1.4%，C 3.7%，EC 0.8%。

叶肉组织特征：

栅栏组织厚（μm）	54.70	角质层厚（μm）	4.88
栅栏组织层数	1	下表皮厚（μm）	22.22
海绵组织厚（μm）	133.33	上表皮厚（μm）	41.03
栅栏系数	0.41	全叶厚（μm）	251.28

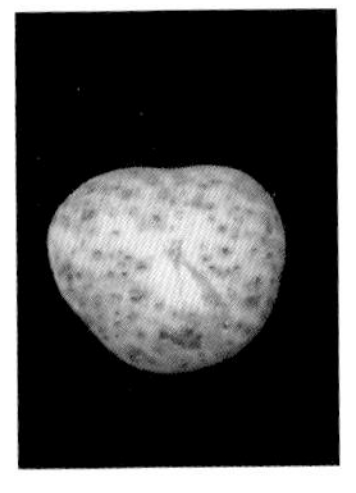

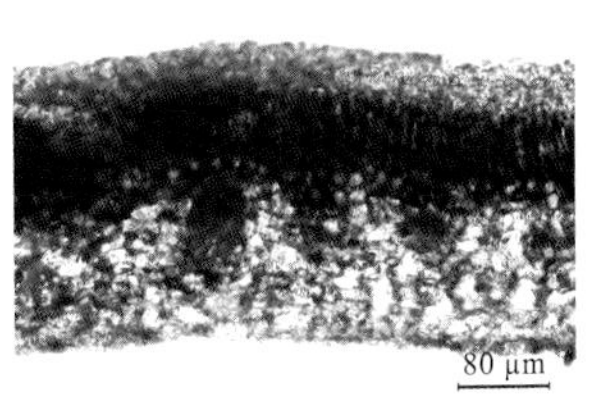

南昆山毛叶茶古树88号

Camellia sinensis var. *ptilophylla* Chang cv. *Nankunshan Maoyecha* No. 88

地理环境：海拔449 m，坡度0°。

形态特征：树高4.6 m，胸径20.1 cm，冠幅3.2 m，小乔木型，树姿半开张；叶片椭圆形，长13.0 cm，宽5.2 cm，绿色，叶面平，叶身平，质地中，叶齿钝中浅，叶基楔形，叶尖渐尖，叶脉9对，叶缘微波。芽叶黄绿色，茸毛密；花瓣白色，花冠直径3.0 cm，子房茸毛多，雌雄蕊等高，花柱3裂，分裂位置高。果3裂，直径3.2 cm。

生化特性：一芽二叶蒸青样含水浸出物43.3%，可溶性糖2.6%，茶多酚19.2%，可可碱2.8%，咖啡碱0.07%，茶氨酸0.2%，EGCG 0.7%，GCG 6.9%，ECG 0.2%，CG 0.3%，GC 1.0%，EGC 0.1%，C 1.7%，EC 0.2%。

叶肉组织特征：

栅栏组织厚（μm）	68.31	角质层厚（μm）	3.18
栅栏组织层数	1	下表皮厚（μm）	19.78
海绵组织厚（μm）	129.44	上表皮厚（μm）	19.78
栅栏系数	0.53	全叶厚（μm）	237.30

南昆山毛叶茶古树89号

Camellia sinensis var. *ptilophylla* Chang cv. *Nankunshan Maoyecha* No. 89

地理环境：海拔449 m，坡度0°。

形态特征：树高5.8 m，胸径20.4 cm，冠幅3.5 m，小乔木型，树姿半开张；叶片椭圆形，长12.0 cm，宽4.9 cm，绿色，叶面平，叶身内折，质地中，叶齿锐中中，叶基楔形，叶尖渐尖，叶脉7对，叶缘微波；芽叶紫绿色，茸毛密；花瓣白色，花冠直径3.2 cm，子房茸毛少，雌雄蕊等高，花柱3裂，分裂位置高。果3裂，直径3.3 cm。

生化特性：一芽二叶蒸青样含水浸出物40.3%，可溶性糖3.4%，茶多酚18.4%，可可碱2.9%，咖啡碱0.03%，茶氨酸0.3%，EGCG 0.5%，GCG 7.0%，ECG 0.2%，CG 0.2%，GC 1.0%，EGC 0.1%，C 2.2%，EC 0.2%。

叶肉组织特征：

栅栏组织厚（μm）	43.87	角质层厚（μm）	2.84
栅栏组织层数	1	下表皮厚（μm）	10.32
海绵组织厚（μm）	103.23	上表皮厚（μm）	25.81
栅栏系数	0.43	全叶厚（μm）	183.23

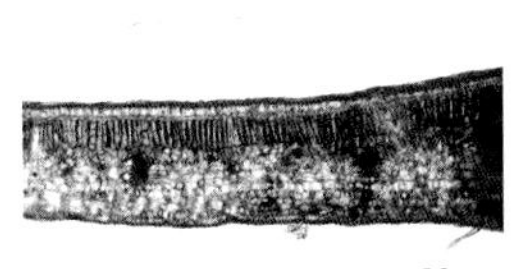

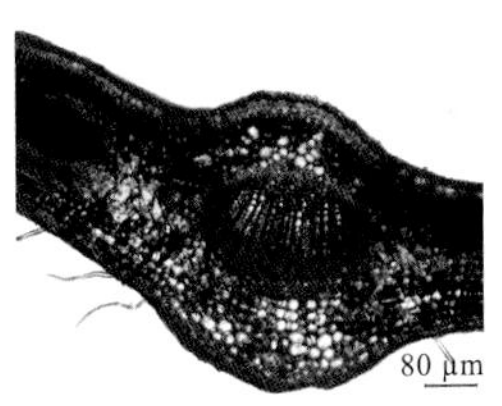

南昆山毛叶茶古树90号

Camellia sinensis var. *ptilophylla* Chang cv. *Nankunshan Maoyecha* No. 90

地理环境：海拔449 m，坡度0°。

形态特征：树高5.4 m，胸径18.5 cm，冠幅3.1 m，小乔木型，树姿半开张；叶片椭圆形，长12.8 cm，宽5.3 cm，绿色，叶面平，叶身内折，质地硬，叶齿中中浅，叶基楔形，叶尖渐尖，叶脉7对，叶缘波。芽叶紫绿色，茸毛密；花瓣白色，花冠直径3.3 cm，子房茸毛多，雌雄蕊等高，花柱3裂，分裂位置高。果3裂，直径3.3 cm。

生化特性：一芽二叶蒸青样含水浸出物45.6%，可溶性糖5.5%，茶多酚23.1%，可可碱5.0%，咖啡碱0.02%，茶氨酸0.2%，EGCG 0.7%，GCG 11.2%，ECG 0.2%，CG 0.2%，GC 0.8%，EGC 0.2%，C 2.0%，EC 0.2%。

叶肉组织特征：

栅栏组织厚（μm）	62.22	角质层厚（μm）	4.94
栅栏组织层数	1	下表皮厚（μm）	22.22
海绵组织厚（μm）	113.33	上表皮厚（μm）	24.44
栅栏系数	0.55	全叶厚（μm）	222.22

南昆山毛叶茶古树91号

Camellia sinensis var. *ptilophylla* Chang cv. *Nankunshan Maoyecha* No. 91

地理环境：海拔449 m，坡度0°。

形态特征：树高5.2 m，胸径19.4 cm，冠幅3.1 m，小乔木型，树姿半开张；叶片椭圆形，长12.8 cm，宽5.6 cm，深绿色，叶面微隆，叶身内折，质地硬，叶齿锐密中，叶基楔形，叶尖急尖，叶脉8对，叶缘平。芽叶紫绿色，茸毛密；花瓣白色，花冠直径3.1 cm，子房茸毛多，雌雄蕊等高，花柱3裂，分裂位置高。果3裂，直径3.1 cm。

生化特性：一芽二叶蒸青样含水浸出物41.5%，可溶性糖2.3%，茶多酚20.0%，可可碱4.4%，咖啡碱0.05%，茶氨酸0.6%，EGCG 0.7%，GCG 8.0%，ECG 0.3%，CG 0.2%，GC 0.9%，EGC 0.1%，C 2.1%，EC 0.2%。

叶肉组织特征：

栅栏组织厚（μm）	57.97	角质层厚（μm）	6.67
栅栏组织层数	1	下表皮厚（μm）	13.91
海绵组织厚（μm）	113.62	上表皮厚（μm）	23.19
栅栏系数	0.51	全叶厚（μm）	208.70

南昆山毛叶茶古树92号

Camellia sinensis var. *ptilophylla* Chang cv. *Nankunshan Maoyecha* No. 92

地理环境： 海拔449 m，坡度0°。

形态特征： 树高4.6 m，胸径10.8 cm，冠幅2.3 m，小乔木型，树姿半开张；叶片长椭圆形，长10.4 cm，宽3.7 cm，绿色，叶面平，叶身内折，质地中，叶齿中密浅，叶基楔形，叶尖急尖，叶脉8对，叶缘微波；芽叶绿色，茸毛密；花瓣白色，花冠直径3.2 cm，子房茸毛多，雌雄蕊等高，花柱3裂，分裂位置高。果3裂，直径3.3 cm。

生化特性： 一芽二叶蒸青样含水浸出物45.0%，可溶性糖2.9%，茶多酚21.2%，可可碱4.8%，咖啡碱0.07%，茶氨酸0.5%，EGCG 0.9%，GCG 10.0%，ECG 0.4%，CG 0.1%，GC 1.0%，EGC 0.1%，C 2.4%，EC 0.3%。

叶肉组织特征：

栅栏组织厚（μm）	48.00	角质层厚（μm）	5.43
栅栏组织层数	1	下表皮厚（μm）	13.71
海绵组织厚（μm）	123.43	上表皮厚（μm）	22.86
栅栏系数	0.39	全叶厚（μm）	208.00

南昆山毛叶茶古树93号

Camellia sinensis var. *ptilophylla* Chang cv. *Nankunshan Maoyecha* No. 93

地理环境： 海拔482 m，坡度33.2°。

形态特征： 树高3.6 m，胸径17.2 cm，冠幅2.0 m，小乔木型，树姿半开张；叶片长椭圆形，长14.7 cm，宽5.3 cm，绿色，叶面平，叶身内折，质地中，叶齿钝稀浅，叶基楔形，叶尖急尖，叶脉8对，叶缘平。芽叶紫绿色，茸毛密；花瓣白色，花冠直径3.0 cm，子房茸毛少，雌雄蕊等高，花柱2裂，分裂位置高。果3裂，直径2.4 cm。

生化特性： 一芽二叶蒸青样含水浸出物46.3%，可溶性糖2.8%，茶多酚18.6%，可可碱4.1%，咖啡碱0.0%，茶氨酸0.6%，EGCG 0.6%，GCG 7.3%，ECG 0.3%，CG 0.1%，GC 0.8%，EGC 0.1%，C 2.6%，EC 0.2%。

叶肉组织特征：

栅栏组织厚（μm）	60.49	角质层厚（μm）	5.78
栅栏组织层数	1	下表皮厚（μm）	19.51
海绵组织厚（μm）	140.49	上表皮厚（μm）	23.41
栅栏系数	0.43	全叶厚（μm）	243.90

南昆山毛叶茶古树94号

Camellia sinensis var. *ptilophylla* Chang cv. *Nankunshan Maoyecha* No. 94

地理环境： 海拔482 m，坡度33.2°。

形态特征： 树高6.2 m，胸径18.2 cm，冠幅3.2 m，小乔木型，树姿半开张；叶片椭圆形，长11.9 cm，宽4.9 cm，深绿色，叶面平，叶身内折，质地中，叶齿锐密浅，叶基楔形，叶尖急尖，叶脉8对，叶缘平。芽叶黄绿色，茸毛密；花瓣白色，花冠直径3.5 cm，子房茸毛多，雌蕊高于雄蕊，花柱3裂，分裂位置高。果3裂，直径3.2 cm。

生化特性： 一芽二叶蒸青样含水浸出物41.0%，可溶性糖4.3%，茶多酚20.4%，可可碱0.9%，咖啡碱6.61%，茶氨酸0.4%，EGCG 0.6%，GCG 8.0%，ECG 0.2%，CG 0.1%，GC 1.0%，EGC 0.1%，C 3.0%，EC 0.2%。

叶肉组织特征：

栅栏组织厚（μm）	51.65	角质层厚（μm）	3.22
栅栏组织层数	1	下表皮厚（μm）	12.15
海绵组织厚（μm）	101.27	上表皮厚（μm）	19.24
栅栏系数	0.51	全叶厚（μm）	184.30

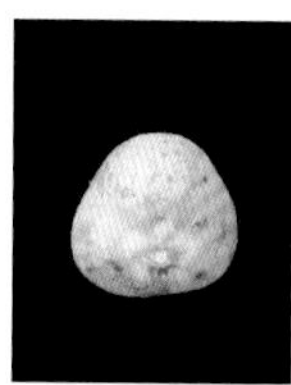

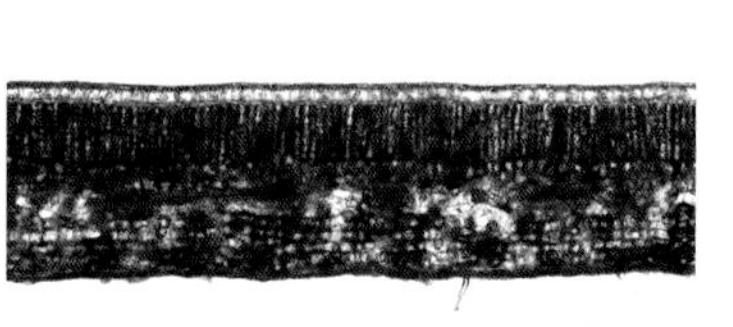

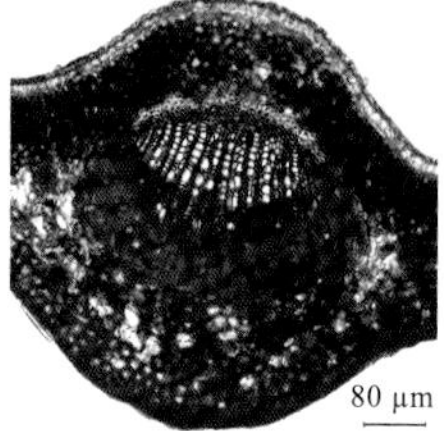

南昆山毛叶茶古树95号

Camellia sinensis var. *ptilophylla* Chang cv. *Nankunshan Maoyecha* No. 95

地理环境：海拔493 m，坡度31.4°。

形态特征：树高4.9 m，胸径22.0 cm，冠幅4.2 m，小乔木型，树姿半开张；叶片椭圆形，长12.4 cm，宽5.3 cm，深绿色，叶面平，叶身平，质地中，叶齿锐密中，叶基楔形，叶尖渐尖，叶脉10对，叶缘波。芽叶紫绿色，茸毛密；果3裂，直径3.1 cm。

生化特性：一芽二叶蒸青样含水浸出物38.6%，可溶性糖3.8%，茶多酚22.4%，可可碱4.0%，咖啡碱0.0%，茶氨酸0.7%，EGCG 0.6%，GCG 7.4%，ECG 0.2%，CG 0.2%，GC 0.9%，EGC 0.2%，C 2.3%，EC 0.2%。

叶肉组织特征：

栅栏组织厚（μm）	51.28	角质层厚（μm）	2.67
栅栏组织层数	1	下表皮厚（μm）	10.26
海绵组织厚（μm）	117.95	上表皮厚（μm）	17.09
栅栏系数	0.43	全叶厚（μm）	196.58

南昆山毛叶茶古树96号

Camellia sinensis **var.** ***ptilophylla*** **Chang cv.** ***Nankunshan Maoyecha*** **No. 96**

地理环境： 海拔493 m，坡度31.4°。

形态特征： 树高3.1 m，胸径16.9 cm，冠幅2.6 m，小乔木型，树姿半开张；叶片长椭圆形，长13.7 cm，宽5.2 cm，深绿色，叶面微隆，叶身内折，质地中，叶齿锐密浅，叶基楔形，叶尖渐尖，叶脉9对，叶缘平。芽叶淡绿色，茸毛密；花瓣白色。花冠直径2.7 cm，子房茸毛多，雌雄蕊等高，花柱3裂，分裂位置高。果3裂，直径3.4 cm。

生化特性： 一芽二叶蒸青样含水浸出物41.3%，可溶性糖4.4%，茶多酚20.1%，可可碱4.2%，咖啡碱0.07%，茶氨酸0.5%，EGCG 0.7%，GCG 8.5%，ECG 0.2%，CG 0.2%，GC 0.8%，EGC 0.1%，C 2.1%，EC 0.2%。

叶肉组织特征：

栅栏组织厚（μm）	51.61	角质层厚（μm）	5.00
栅栏组织层数	1	下表皮厚（μm）	15.48
海绵组织厚（μm）	116.13	上表皮厚（μm）	25.81
栅栏系数	0.44	全叶厚（μm）	209.03

南昆山毛叶茶古树97号

Camellia sinensis var. *ptilophylla* Chang cv. *Nankunshan Maoyecha* No. 97

地理环境： 海拔694 m，坡度30.0°。

形态特征： 树高3.4 m，胸径12.1 cm，冠幅1.3 m，乔木型，树姿直立；叶片长椭圆形，长17.3 cm，宽6.4 cm，深绿色，叶面微隆，叶身平，质地硬，叶齿锐密浅，叶基楔形，叶尖渐尖，叶脉10对，叶缘平。芽叶绿色，茸毛密。

生化特性： 一芽二叶蒸青样含水浸出物46.6%，可溶性糖2.7%，茶多酚18.6%，可可碱4.4%，咖啡碱0.07%，茶氨酸0.3%，EGCG 0.7%，GCG 8.0%，ECG 0.2%，CG 0.1%，GC 0.8%，EGC 0.1%，C 1.7%，EC 0.1%。

叶肉组织特征：

栅栏组织厚（μm）	23.74	角质层厚（μm）	2.67
栅栏组织层数	1	下表皮厚（μm）	10.55
海绵组织厚（μm）	66.81	上表皮厚（μm）	11.43
栅栏系数	0.36	全叶厚（μm）	112.53

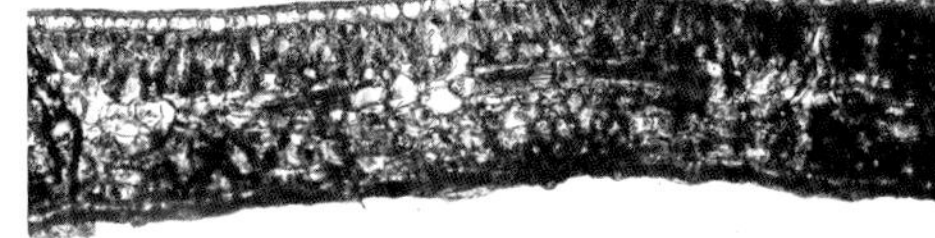

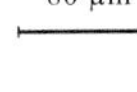

80 μm

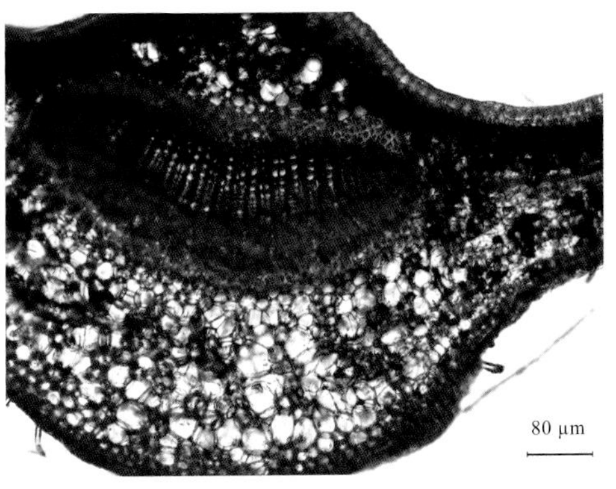

80 μm

南昆山毛叶茶古树98号

Camellia sinensis **var.** ***ptilophylla*** **Chang cv.** ***Nankunshan Maoyecha*** **No. 98**

地理环境：海拔685 m，坡度32.7°。

形态特征：树高3.4 m，胸径10.2 cm，冠幅3.3 m，乔木型，树姿直立；叶片长椭圆形，长15.2 cm，宽5.3 cm，深绿色，叶面平，叶身稍背卷，质地中，叶齿锐密浅，叶基楔形，叶尖渐尖，叶脉10对，叶缘平。芽叶绿色，茸毛密。

生化特性：一芽二叶蒸青样含水浸出物44.0%，可溶性糖2.5%，茶多酚20.1%，可可碱5.5%，咖啡碱0.07%，茶氨酸0.4%，EGCG 1.0%，GCG 11.2%，ECG 0.4%，CG 0.3%，GC 0.8%，EGC 0.1%，C 1.8%，EC 0.2%。

叶肉组织特征：

栅栏组织厚（μm）	69.21	角质层厚（μm）	2.29
栅栏组织层数	1	下表皮厚（μm）	9.65
海绵组织厚（μm）	120.11	上表皮厚（μm）	24.47
栅栏系数	0.58	全叶厚（μm）	223.44

南昆山毛叶茶古树99号

Camellia sinensis var. *ptilophylla* Chang cv. *Nankunshan Maoyecha* No. 99

地理环境：海拔689 m，坡度36.9°。

形态特征：树高6.4 m，胸径21.2 cm，冠幅2.3 m，乔木型，树姿直立；叶片长椭圆形，长18.8 cm，宽6.9 m，深绿色，叶面微隆，叶身平，质地中，叶齿中中浅，叶基楔形，叶尖渐尖，叶脉9对，叶缘平。芽叶紫绿色，茸毛密。

生化特性：一芽二叶蒸青样含水浸出物43.3%，可溶性糖2.4%，茶多酚20.0%，可可碱5.2%，咖啡碱0.0%，茶氨酸1.0%，EGCG 0.9%，GCG 11.2%，ECG 0.3%，CG 0.2%，GC 0.4%，EGC 0.1%，C 1.4%，EC 0.1%。

叶肉组织特征：

栅栏组织厚（μm）	41.29	角质层厚（μm）	2.84
栅栏组织层数	1	下表皮厚（μm）	23.23
海绵组织厚（μm）	92.90	上表皮厚（μm）	23.23
栅栏系数	0.44	全叶厚（μm）	180.65

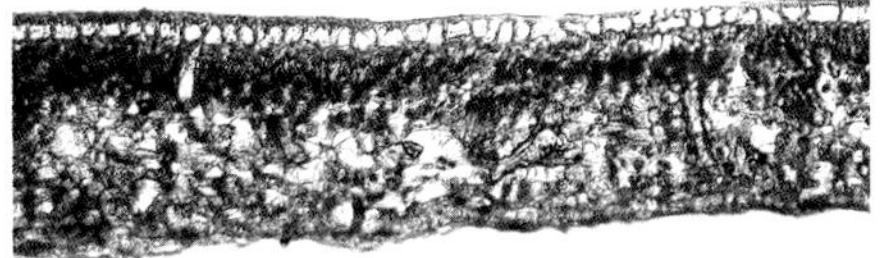

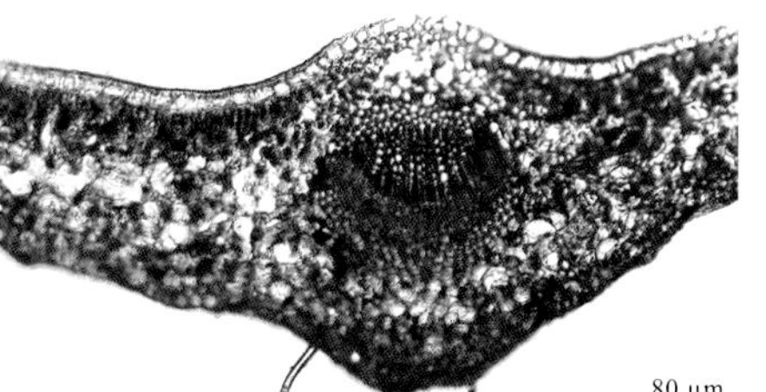

南昆山毛叶茶古树100号

Camellia sinensis var. *ptilophylla* Chang cv. *Nankunshan Maoyecha* No. 100

地理环境：海拔691 m，坡度36.9°。

形态特征：树高3.7 m，胸径13.1 cm，冠幅1.9 m，乔木型，树姿直立；叶片椭圆形，长14.7 cm，宽5.9 m，深绿色，叶面微隆，叶身平，质地中，叶齿锐中浅，叶基楔形，叶尖渐尖，叶脉9对，叶缘平。芽叶黄绿色，茸毛密。

生化特性：一芽二叶蒸青样含水浸出物41.6%，可溶性糖3.2%，茶多酚20.2%，可可碱5.9%，咖啡碱0.0%，茶氨酸0.4%，EGCG 0.9%，GCG 11.4%，ECG 1.7%，CG 0.2%，GC 1.0%，EGC 0.1%，C 2.3%，EC 0.3%。

叶肉组织特征：

栅栏组织厚（μm）	37.26	角质层厚（μm）	4.85
栅栏组织层数	1	下表皮厚（μm）	15.34
海绵组织厚（μm）	94.25	上表皮厚（μm）	19.73
栅栏系数	0.40	全叶厚（μm）	166.58

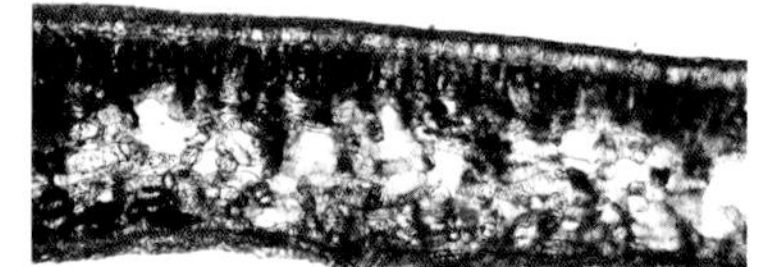

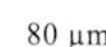

80 μm

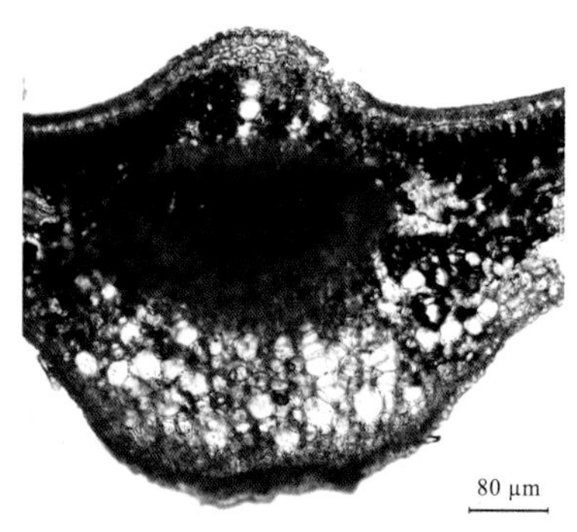

80 μm

南昆山毛叶茶古树101号

Camellia sinensis var. *ptilophylla* Chang cv. *Nankunshan Maoyecha* No. 101

地理环境：海拔685 m，坡度30.6°。

形态特征：树高4.1 m，胸径18.5 cm，冠幅2.0 m，乔木型，树姿直立；叶片椭圆形，长14.7 cm，宽5.9 m，深绿色，叶面微隆，叶身平，质地中，叶齿锐中浅，叶基楔形，叶尖急尖，叶脉8对，叶缘平。芽叶绿色，茸毛密。

生化特性：一芽二叶蒸青样含水浸出物36.1%，可溶性糖4.3%，茶多酚20.4%，可可碱4.1%，咖啡碱0.0%，茶氨酸0.4%，EGCG 1.5%，GCG 7.6%，ECG 1.3%，CG 0.2%，GC 0.9%，EGC 1.2%，C 2.3%，EC 0.2%。

叶肉组织特征：

栅栏组织厚（μm）	56.41	角质层厚（μm）	4.52
栅栏组织层数	1	下表皮厚（μm）	16.41
海绵组织厚（μm）	147.69	上表皮厚（μm）	25.4
栅栏系数	0.38	全叶厚（μm）	246.15

南昆山毛叶茶古树102号

***Camellia sinensis* var. *ptilophylla* Chang cv. *Nankunshan Maoyecha* No. 102**

地理环境：海拔700 m，坡度32.0°。

形态特征：树高5.5 m，胸径17.5 cm，冠幅2.6 m，乔木型，树姿直立；叶片披针形，长17.9 cm，宽5.6 m，深绿色，叶面平，叶身稍内折，质地中，叶齿锐稀浅，叶基楔形，叶尖渐尖，叶脉8对，叶缘波。芽叶绿色，茸毛密；果3裂，直径3.3 cm。

生化特性：一芽二叶蒸青样含水浸出物39.6%，可溶性糖3.1%，茶多酚19.3%，可可碱4.9%，咖啡碱0.01%，茶氨酸0.4%，EGCG 0.8%，GCG 9.3%，ECG 0.3%，CG 0.2%，GC 1.2%，EGC 0.2%，C 2.6%，EC 0.3%。

叶肉组织特征：

栅栏组织厚（μm）	46.45	角质层厚（μm）	3.89
栅栏组织层数	1	下表皮厚（μm）	12.90
海绵组织厚（μm）	131.61	上表皮厚（μm）	23.23
栅栏系数	0.35	全叶厚（μm）	214.19

南昆山毛叶茶古树103号

Camellia sinensis var. *ptilophylla* Chang cv. *Nankunshan Maoyecha* No. 103

地理环境：海拔700 m，坡度32.0°。

形态特征：树高4.1 m，胸径10.2 cm，冠幅2.1 m，乔木型，树姿直立；叶片披针形，长18.2 cm，宽5.1 m，绿色，叶面平，叶身稍内折，质地硬，叶齿锐密浅，叶基楔形，叶尖渐尖，叶脉8对，叶缘微波。芽叶绿色，茸毛密；果3裂，直径3.4 cm。

生化特性：一芽二叶蒸青样含水浸出物45.0%，可溶性糖4.1%，茶多酚27.4%，可可碱4.2%，咖啡碱0.0%，茶氨酸0.6%，EGCG 0.7%，GCG 8.2%，ECG 0.4%，CG 0.2%，GC 1.0%，EGC 0.1%，C 1.9%，EC 0.2%。

叶肉组织特征：

栅栏组织厚（μm）	56.14	角质层厚（μm）	2.12
栅栏组织层数	1	下表皮厚（μm）	8.54
海绵组织厚（μm）	156.21	上表皮厚（μm）	20.55
栅栏系数	0.36	全叶厚（μm）	241.44

南昆山毛叶茶古树104号

Camellia sinensis var. *ptilophylla* Chang cv. *Nankunshan Maoyecha* No. 104

地理环境： 海拔705 m，坡度31.0°。

形态特征： 树高2.4 m，胸径14.0 cm，冠幅1.2 m，乔木型，树姿直立；叶片长椭圆形，长16.3 cm，宽6.1 m，深绿色，叶面平，叶身稍内折，质地中，叶齿锐密浅，叶基楔形，叶尖渐尖，叶脉9对，叶缘微波。芽叶绿色，茸毛密。

生化特性： 一芽二叶蒸青样含水浸出物40.0%，可溶性糖3.9%，茶多酚23.7%，可可碱5.0%，咖啡碱0.0%，茶氨酸0.6%，EGCG 1.3%，GCG 7.4%，ECG 1.1%，CG 0.1%，GC 0.7%，EGC 1.0%，C 4.3%，EC 0.5%。

叶肉组织特征：

栅栏组织厚（μm）	43.87	角质层厚（μm）	3.97
栅栏组织层数	1	下表皮厚（μm）	18.06
海绵组织厚（μm）	141.94	上表皮厚（μm）	28.39
栅栏系数	0.31	全叶厚（μm）	232.26

附件1：普查现场照片

南昆山毛叶茶古树普查队
昆山毛叶茶古树普查队

附件2：普查方法

（一）地理信息及形态学鉴定

利用GPS、坡度仪等采集古树地理信息，参照《茶树种质资源描述规范（NY/T 2943—2016）》调查毛叶茶古树植物学特征和生物学特性，标准如下：

树型：根据植株主干和分枝情况确定树型，树型分为灌木型（从颈部分支，无主干）、小乔木型（基部主干明显，中上部不行面）、乔木型（从下部到中上部明显主干）。

树姿：测量茶树一级分枝与地面垂直线的分枝角度，树姿分为直立（分枝角度≤30°）、半开张（30°<分枝角度≤50°）、开张（分枝角度>50°）。

树高：地面至主干最高处高度。

地径：地面以上15 cm处的直径。

胸径：地面到树的1.3 m处的直径。

冠幅：树冠南北和东西方向宽度的平均值。

叶长：叶片基部至叶尖端部的纵向长度。

叶宽：叶片横向最宽处长度。

叶形：按叶片长宽比值确定叶形，叶形分为近圆形（长宽比<2.0）、椭圆形（2.0≤长宽比<2.5）、长椭圆形（2.5≤长宽比<3.0）、披针形（长宽比≥3.0）。

叶色：观察叶片正面颜色，按最大相似原则确定叶色，叶色分为黄绿色、绿色、深绿色。

叶面隆起性：观察叶片正面的隆起情况，分为平、微隆起、隆起。

叶身形态：观察主脉两侧叶片的夹角状态，按最大相似原则确定叶身形态，分为平、内折、背卷。

叶片质地：用手触摸确定叶片质地，分为柔软、中、硬。

叶齿锐度：观察叶缘中部锯齿的锐利程度，分为锐、中、钝。

叶齿密度：测量叶缘中部锯齿的密度，分为稀（密度<2.5个/cm）、中（2.5个/cm≤密度<4个/cm）、密（密度≥4个/cm）。

叶齿深度：观察叶缘中部锯齿的深度，分为浅、中、深。

叶基形态：观察叶片基部的形态，分为楔形、近圆形。

叶尖：观察叶片端部的形态，分为渐尖、钝尖、圆尖。

调查项目见下表：

南昆山毛叶茶古树形态学普查表

1. 基本信息							
日期		天气		气温		湿度	
普查队	第　　普查队						
资源编号	古树　　　号						
类型	①野生资源　②非野生资源（古树所有人：　　　）						
采集样品类型	①枝条　②种子　③芽　④无						
2. 地理分布特征							
经度	°　′　″ E			纬度	°　′　″ N		
海拔	m			坡度			
最近村落							
3. 植物学特征和生物学特性							
树高	cm			地径	cm		
胸径				树型	①灌木　②小乔木　③乔木		
树姿	①直立　②半开张　③开张			冠幅	cm		
树龄	约　　年						
成熟叶							
叶长	cm			叶宽	cm		
叶形	①近圆形　②椭圆形　③长椭圆形　④披针形						
叶片颜色	①黄绿色　②绿色　③深绿色						
叶面隆起性	①平　②微隆　③隆起			叶身形态	①内折　②平　③背卷		
叶片质地	①软　②中　③硬			叶齿锐度	①锐　②中　③钝		
叶齿密度	①稀　②中　③密			叶齿深度	①浅　②中　③深		
叶基形态	①楔形　②近圆形			叶尖	①渐尖　②钝尖　③圆尖		
叶缘形态				叶脉对数	对		
芽叶（芽下第二片叶）							
色泽	①绿　②黄绿　③紫绿　④白			茸毛	①有　②无		
花							
花萼片数				花萼颜色	①绿色　②紫红色		
萼片茸毛	①有　②无			花冠直径	cm		
花瓣颜色	①白色　②微绿色　③淡红色			花瓣数			
子房茸毛	①有　②无			花柱开裂数			
花柱开裂高度	①高　②中　③低			雌蕊相对雄蕊高度	①高　②中　③低		

（二）生化成分测定

1. 生物碱及儿茶素含量测定

取古茶树较嫩芽叶，蒸汽杀青5 min，烘箱干燥固样，并用YM203磨碎机（奥克斯，中国）进行研磨，过0.1 mm孔径筛，备用。准确称量0.1 g样品于10 ml玻璃离心管中，用移液管加入10 ml 100℃的超纯水并密封。混匀后置于100℃水浴锅中加热45 min，每隔10 min混匀一次。冷却后用离心机低速离心后抽滤备用。

采用高效液相色谱仪（High performance liquid chromatography，HPLC）测定生物碱（咖啡碱、可可碱）及儿茶素（GC、EGC、C、EC、EGCG、GCG、ECG、CG）含量。

液相色谱条件：流动相为0.1%甲酸（A相）和100%乙腈（B相），流速为1 ml/min，柱温35℃，检测波长为231 nm。

梯度洗脱：9～15 min，A相由4%线性升至6%，B相由96%线性降至94%；15～30 min，A相由6%线性升至12%，B相由94%线性降至88%；30～55 min，A相由12%线性升至18%，B相由88%线性降至82%；55～58 min，A相由18%线性降至4%，B相由82%线性升至96%。

2. 茶氨酸含量测定

取古茶树较嫩芽叶，蒸汽杀青5 min，烘箱干燥固样，并用YM203磨碎机（奥克斯，中国）进行研磨，过0.1 mm孔径筛，备用。准确称量0.1 g样品于10 ml玻璃离心管中，用移液管加入10 ml 100℃的超纯水并密封。混匀后置于100℃水浴锅中加热45 min，每隔10 min混匀一次。冷却后用离心机低速离心后抽滤备用。

采用高效液相色谱仪（High performance liquid chromatography，HPLC）测定茶氨酸含量。

液相色谱条件：流动相A为40 mmol/L Na_2HPO_4（pH值8.0）；流动相B为乙腈：甲醇：水（45：45：10，V：V：V）的混合物。流速为2 ml/min，检测波长为338 nm。

洗脱梯度：0～1 min，A相为90%，B相为10%；1～9.8 min，A相由90%线性降至43%，B相由10%线性升至57%；9.8～10 min，A相由43%线性降至0，B相由57%线性升至100%；10～12 min，A相为0，B相为100%；12～12.5 min，A相由0线性升至90%，B相由100%线性降至10%；12.5～14 min，A相为90%，B相为10%。

3. 水浸出物含量测定

取古树较嫩芽叶，蒸汽杀青5 min，烘箱干燥固样，并用YM203磨碎机（奥克斯，中国）进行研磨，过0.1 mm孔径筛，备用。准确称量1.5 g样品于250 ml锥形瓶中，加入225 ml沸水，然后将其置于沸水浴中浸提45 min，每10 min震荡一次，浸提完毕后趁热过滤，待茶汤冷却至室温后定容至250 ml备用。

取100 ml的蒸发皿，置于烘箱中在120℃下恒温烘2 h，取出后置于干燥器中，待冷却至室温称重。吸取50 ml茶汤移入蒸发皿，置于水浴锅上蒸干，然后将蒸发皿置于烘箱中120℃下烘干2 h，置于干燥器中冷却至室温后称重。

4. 可溶性糖含量测定（蒽酮比色法）

取古树较嫩芽叶，蒸汽杀青5 min，烘箱干燥固样，并用YM203磨碎机（奥克斯，中国）进行研磨，过0.1 mm孔径筛，备用。准确称量1.5 g样品于250 ml锥形瓶中，加入225 ml沸水，然后将其置于沸水浴中浸提45 min，每10 min震荡一次，浸提完毕后趁热过滤，待茶汤冷却至室温后定容至250 ml备用。

称取100 mg蒽酮溶于100 ml硫酸溶液（在15 ml水中缓缓加入50 ml硫酸），以现配现用为宜。

标准曲线绘制：用无水葡萄糖配成每毫升含200 μg、150 μg、50 μg、2 μg的标准葡萄糖液，分别吸取1 ml不同浓度标准葡萄糖溶液滴入预先装有8 ml蒽酮试剂的容量瓶中，边滴边摇匀，用水作空白对照，在沸水浴上加热7 min，立即取出置于冰浴中冷却至室温后，移入10 mm比色皿中，在620 nm波长处测定吸光度，并绘制标准曲线。

吸取4份8 ml蒽酮试液，分别注入4只25 ml容量瓶中，其中3瓶加入1 ml测试液，另1瓶加入1 ml水作空白。摇匀后置于沸水浴中加热7 min，立即取出置于冰浴中冷却，待恢复至室温，移至10 mm比色皿中，于波长620 nm处测定吸光度，根据吸光度的平均值，查标准曲线得到可溶性糖含量。

5. 茶多酚含量测定

取古树较嫩芽叶，蒸汽杀青5 min，烘箱干燥固样，并用磨碎机进行研磨，过0.1 mm孔径筛。准确称量0.2 g样品于10 ml离心管中，加入70℃水浴中预热过的70%甲醇溶液5 ml，充分摇匀后立即移入70℃水浴中浸提10 min（隔5 min摇一次），浸提后冷却至室温，用离心机低速离心后，取上清液移入10 ml容量瓶。残渣再用5 ml 70%甲醇溶液提取一次，重复以上操作。合并提取液，定容至10 ml，摇匀备用。

标准曲线绘制：称取0.110 g没食子酸，加水溶解并定容至100 ml制成标准储备溶液。分别取1.0 ml、2.0 ml、3.0 ml、4.0 ml、5.0 ml、6.0 ml上述标准储备液于100 ml容量瓶，加水定容至刻度。在765 nm波长处测定吸光度，并绘制标准曲线。

取测试液1.0 ml于10 ml具塞试管内，加入5.0 ml福林酚试剂摇匀，反应5 min。再加入4.0 ml 7.5% Na_2CO_3溶液后摇匀，室温下放置1 h。用10 mm比色杯，用分光光度计在765 nm波长条件下测定吸光度。根据吸光度的值，查标准曲线得到茶多酚含量。

（三）叶片切片制作及解剖结构观察

选取茶树完整成熟叶片，用两片叶将材料夹住切或将叶片卷起切，利用剃须刀片进行徒手横切片，切得薄片，反复操作可切得若干薄片。将薄片在ddH$_2$O水中洗涤，选取所需薄片，用毛笔蘸取放置于载玻片中央，加入ddH$_2$O 5 μl，盖上盖玻片备用。

采用光学显微镜（Olympus America Inc.，Centre Valley，PA，USA）观察并拍照。用显微测微尺测量各个组织的厚度，观测项目包括叶片总厚度、角质层厚度、上表皮厚度、下表皮厚度、栅状组织层次和厚度、海绵组织厚度等。